文化视域下中式家具
设计与家具制作工艺的创新研究

李 霄　王芳芳　王欢欢　著

吉林科学技术出版社

图书在版编目（CIP）数据

文化视域下中式家具设计与家具制作工艺的创新研究 /
李霄，王芳芳，王欢欢著． -- 长春 ：吉林科学技术出版
社，2019.12
ISBN 978-7-5578-6405-7

Ⅰ．①文… Ⅱ．①李… ②王… ③王… Ⅲ．①家具—
设计—研究—中国②家具—生产工艺—研究—中国 Ⅳ．
① TS664.01 ② TS664.05

中国版本图书馆 CIP 数据核字（2019）第 301909 号

文化视域下中式家具设计与家具制作工艺的创新研究

著　者	李　霄　　王芳芳　　王欢欢	
出 版 人	李　梁	
责任编辑	端金香	
封面设计	刘　华	
制　版	王　朋	
开　本	16	
字　数	260 千字	
印　张	11.75	
版　次	2019 年 12 月第 1 版	
印　次	2019 年 12 月第 1 次印刷	
出　版	吉林科学技术出版社	
发　行	吉林科学技术出版社	
地　址	长春市福祉大路 5788 号出版集团 A 座	
邮　编	130118	
发行部电话／传真	0431—81629529　　81629530　　81629531	
	81629532　　81629533　　81629534	
储运部电话	0431—86059116	
编辑部电话	0431—81629517	
网　址	www.jlstp.net	
印　刷	北京宝莲鸿图科技有限公司	
书　号	ISBN 978-7-5578-6405-7	
定　价	54.00 元	

前　言

　　家具是与人类关系最为密切的一类人造物，也见证着人类生活方式的发展与变迁。千百年来，不同时代、不同地域和不同种族的人们依据自身的生活需求和审美情趣来设计、制作并选用相应的家具品类，使得家具融入了不同的"文化符码"，从而形成诸多各具特色的家具风格。可以说，正是因为家具的存在，我们的住宅和建筑才成为真正意义的"家"，而生活也因此显出差异。迄今为止，人类从未停止过对家具样式与可实现形式的探索，并尽可能地将新材料与新技术应用其中加以创新和改良，新的概念不断地突破原来的限制、颠覆固有的观念，或以更科学的方式，或以更艺术的形式对人类生活做出新的理解和诠释。

　　随着生产方式和经济形态的变化，我们已然由传统的农耕社会进入现代的工业社会，生活环境与生活方式都发生了根本性变化，家具功能与形式的新需求也随之产生，设计师也必须对此做出应对。对于中国家具设计而言，家具本身蕴含着一种文化，而这种文化恰恰是与中华民族的文化底蕴紧密相连的，或者说家具所体现的文化内涵正是中国文化在"造物"上的具体体现。在对待传统文化问题的价值取向上，事实证明，"传承是本原，超越是其走向。""传承"要求我们更多地去关注、去了解、去学习传统文化，将其内涵化为修养，然后在设计中自然流露；"超越"就是在设计中对本土文化肯定的同时，还要不囿于传统的樊篱，多借鉴并吸收先进科技手段与成熟经验，从形式上升华，形成同国际间的对话与交流。

　　本书首先介绍了家具和家具设计的基础知识，然后对家具材料与设计、家具造型方法等特点进行了简要介绍，后面详细阐述了现代家具设计中的中国主义、中式家具概念及相关研究、中国传统古家具工艺、中式家具的制作工序及工艺、中式家具设计的自然意趣等中式家具的有关内容。本书叙述丰富、结构严谨，在剖析中国传统文化精髓的基础上研究中式传统家具的现代化创新的设计问题，探讨了中式家具中的"中式特征"与现代美学、时尚文化之间如何进行融合创新。

　　本书在撰写过程中借鉴、吸收了大量著作与部分学者的理论作品，在此一一表示感谢。但由于时间限制加之精力有限，虽力求完美，但书中仍难免存在疏漏与不足之处，希望专家、学者、广大读者批评指正，以使本书更加完善。

目　录

第一章　家具设计概论

　　家具的存在是受许多因素的影响。这是许多文化的产物。历史、科技、文化、社会、地区、建筑、时间艺术、室内环境、新材料等都有不同程度和不同角度的影响。同时，家具也进行空间整合，生活方式指导等以其独特的艺术形式，并进行具体的使用功能。

第一节　家具的概述

　　家具是一种不可或缺的材料设备在人类的日常生活和工作。好的家具不仅使人的生活和工作的好处是舒适，效率提高，还可以给人以审美快感和愉悦的精神享受。

一、家具的定义

　　广义的家具是指人类维持正常生活、从事生产实践和开展社会活动提供一种不可或缺的实现。狭义家具是指在生活、工作或社会实践中供人们坐、卧或支持和储存商品的一种设备。

　　家具有着悠久的历史，它是必不可少的电器也在人们的社会生活和生产劳动，也是一个国家或地区的物质文明的迹象。家具设计是家具的物理存在的必要形式。因为相同的形式满足使用并不是独一无二的，这提供了极其广阔的想象空间和家具设计的自由。但无论如何，家具设计必须同时具有物质和精神双重功能。物质功能是家具设计应安全、可靠、使用方便、舒适和合理的和其他的因素。精神功能是一种心理感觉，家具造型艺术给人的形象通过人的感觉器官，影响人们的精神世界，陶冶情操，装饰生活空间，体现时尚感以及品位的感觉。只有将物质功能与精神功能的完美结合，才能使家具设计更完整，不断克服家具的自身限制，创造一个更加科学、合理，为人类舒适的工作和生活空间。

二、家具的特性

（一）家具使用的普遍性

　　家具使用的普遍性已经广泛表达在古代，家具在现代社会无处不在。家具以其独特的功能贯穿于当代生活的各方面，工作、研究、教学、科研、通讯、旅游和娱乐、休息。随着社会的发展，科学技术的进步，以及生活方式的变化，家具也在发展和变化的过程。如我国改革开放以来发展起来的宾馆住宅、商用家具、现代办公家具，以及民用家具、珠宝柜、酒吧柜、厨房家具、儿童家具，尤其是信息时代的 SOHO 办公家具，更是当代家具发展过程中产生的新品类。他们满足不同用户的不同的心理和生理需求与不同的功能特征和不同的文化词汇。

（二）家具功能的二重性

家具不仅是一种简单的功能性产品，也是一种流行的艺术。它不仅需要满足一些特定的直接使用，但还需要满足供人观赏，使人在接触和使用过程中产生某种审美意义和引起丰富的联想的精神需求。设计和生产的家具，不仅涉及材料、技术、设备、化工、电器、五金、塑料材料和其他技术领域和社会学、行为、美学、心理学和其他社会学科以及造型艺术理论是密切相关的。说家具是物质产品，它是艺术作品，这是家具的二元性特征。

（三）家具的社会性

类型、风格、功能、数量、形式和制作水平的家具，以及占领家具在人们的社会生产和生活，也反映了社会生活方式，社会物质文明和历史文化特征相同的家族在一定历史时期和地区。家具是象征着社会生产力的发展水平在一定的家庭或地区在一定历史时期，某种生活方式的缩影，一定的文化形式的出现。因此，家具体现了丰富而深刻的社会性。

三、家具文化

（一）文化的概念与家具文化

文化一词有广义和狭义。狭义的文化是指人类社会的意识形态以及相应的制度和设施。广义上说，文化是指人类创造的物质和精神财富的总和。文化是一个发展的概念。如今，人们主要采用规范的定义，也就是说，文化被认为是一种生活方式、风格或行为模式。

所有的人类文化从创建开始。每个工具的选择和生产是伴随着人类行为和体验。这些行为和经验的结合构成了对人的理解，因此把他从性质和使他的人。人类与自然有特殊的概念和符号来表达这些概念，包括语言、图像、颜色、形式、内容、文本等等。作为人类认知和实践的工具，这些符号创造活动的进一步刺激深化。从普通的单一功能对象的多层次功能发展，文化的形成。人类包括一些设计因素从最初的自然对象的选择。可以说，产品设计是创造人类文化系统的一个重要组成部分的实现功能的物质载体。中外家具的发展历史是人类创造的一个组成部分。也是人类文化的全部表现在家具产品。首先，家具是一种社会物质产品。作为一种重要的物质文化形式、家具直接服务于学习、生活、生产、交流人类社会的文化娱乐和其他活动。同时，家具是一种生活的艺术，它结合了环境艺术、造型艺术和装饰艺术，直接反映出什么样的人创造了文化。它用自己独特的形象和符号影响和人们的情感交流，并有一定的对人的情绪和心理的影响。这是一种表达人类理解过去，今天和未来的计划。它对未来历史的连续性和限制。

（二）家具文化的整合性

家具文化是物质文化的整合、精神文化和艺术文化。家具作为一种物质文化，是一个重要的象征人类社会的发展，物质生活水平和科技发展的水平。家具的种类和数量反映了人类的发展和进步从农业时代、工业时代到信息时代。家具材料是一项系统的记录人类的自然利用自然和转换。家具的结构科学和技术反映了技术的进步和科学的发展。家具的历史发展是人类物质文明的历史的一个重要组成部分。作为一种精神文化，家具具有教育功能、审美功能、对话功能和娱乐功能。家具呈现在人们的生活空间在很长一段时间内以其独特的功能形式和艺术形象，唤起人们的审美兴趣，培养人们的审美情趣和提高人们的审美能力。同时，家具也直接或间接地反映了当时的社会思想和宗教意识通过隐喻或象征文化思想的艺术形式，并实现符号功能和对话功能。作为一种艺术文化，环境和室内空间的一个重要组成部分和内容。它的形状、颜色和艺术风格创建一个特殊的艺术氛围与室内环境和空间艺术。家具的设计原则、文化概念和表达技术与建筑艺术与其他造型艺。

（三）家具文化的特征

家具是一种丰富的信息载体和文化形式，家具文化作为一种物质生产活动，其必然的种类、数量、风格各不相同，但随着社会的发展，这种风格的变化和更新浪潮也将更快、更频繁，因此，家具文化在我们发展的过程中必然反映出地域特征和时代特征。

区域特征不同于区域地貌、自然资源不同，不同的气候条件下，人们的个性必然会产生差异，形成不同的家具特征。对我国不同南部，北部山地广泛，北方人是普通粗矿石，家具是相应的表达式是大规模、沉重的固体，端庄和烤焦。和南部的风景是美丽的，南方人文静细腻，精致的家具造型表现和柔和、奇巧是多变的，南方家具追求足模型的变化，表现出更多的优雅。在家具色彩方面，北方喜欢深端庄，南方喜欢淡雅清新。

时代特点和整个人类文化的发展过程中，家具也有其发展的阶段，也就是说，不同历史时期的家具风格表现出不同特点的家具文化。古代、中世纪、文艺复兴时期，现代与后现代，所有展示他们不同的风格和个性。在农业社会，家具表达式是手工制作，家具主要是古典的风格类型，或精致，或简洁朴素，留下明显的人工痕迹。在工业社会中，家具的生产方式是工业化批量生产，家具风格显示为当代类型，造型简洁直接，几乎没有特别的装饰，主要追求的是一种机械美、技术美。当代信息社会，在经济发达的国家，摒弃了现代家具功能设计原则，注重语境和文化语义，家具风格表现出多元化的发展趋势，现代化，体现现代的生活方式，体现当代的技术、物质和经济特征，对家具艺术语言和地域、民族、传统、历史的同构和兼容。从共性到个性，从单一到多样，家具和室内显示所有显示强烈的个人色彩，这是现代家具的当代性特点。

五、生活方式与家具

（一）生活方式是存在于人们社会生活中的活动方式

没有统一的生活方式的概念。一般来说，生活的方式是典型的方式和人们的生活活动的总体特征的基础上生成一定的生产方式和各种主观和客观条件下形成和发展。广义的生活包括人们移动的方式在所有的社会领域：劳动力、材料消耗、政治、精神文化、家庭和日常生活。狭窄的生活方式只有包括人在物质消费的活动，精神文化、家庭和日常生活。不管理解，尊重，家具与生活方式有密切的关系。我们设计一把椅子，是设计的一种方式，进而设计一组家具就是设计一种生活方式，如工作、餐饮、学习、烹饪、娱乐等等。

（二）家具是生活方式的缩影

不同的个人、群体、类国家和国家有不同的生活方式，在每一个特定的社会形态和历史发展阶段，有主导的生活方式的基本特征在人们的生活中，反映了时代和社会的基本属性。

生产、生活方式的形成和发展不仅是生产方式的限制，但也由自然环境、政治制度、思想道德、科学文化、历史传统、习俗、社会心理学和其他条件。为个人，他们的生活方式也受到年龄、性别、心理特征、信仰、爱好、文化素质、价值观和其他因素。生活方式是一个历史范畴，改变从低级到高级的发展生产方法和各种条件。同时，生活方式，反过来，一个伟大的影响生产力的发展和社会进步。生活方式的变化也促进了家具的发展，生活方式的多样性也决定家具的多样性。回顾家具的发展历史，不难发现，家具是一个强有力的证据表明，反映了科学文化水平、生产力水平、社会心理学在一定历史阶段。家具文化是整合不同的民族，不同的历史时期，不同的地区，不同的文化传统和价值观。因此，可以说，生活方式决定了家具的性质，设计家具就是设计一种生活方式。家具是人类生活的舞台上不可或缺的道具，是各种生活方式的缩影。

第二节　家具与室内环境设计

一、家具在室内环境设计中的地位

家具营造室内环境功能，是形式美的主要部分，它是室内环境的主体，人类的工作、学习和生活在室内环境进行援助的家具。因此，无论在家里空间、办公空间、商业空间、公共空间，在室内环境设计中，家具的设计放在第一位。家具不仅是室内设计的主体风格，是环境设计的灵魂，同时，家具室内环境空间的划分和组织，不同室内环境特征在其中扮演着重要的角色。由此可见，家具设计应与室内设计相结合，家具的造型、测量、色彩、材料、肌理应与室内环境相适应。

不同的家具形式的选择将影响室内设计的风格。无论室内风格是建立什么，家具设计应该满足下列条件。

（一）家具在色彩上与室内设计协调统一

色彩占据一个人在室内环境中，表现力丰富，视觉演练强，这是室内设计的一个重要元素。人类的主体地位时应充分考虑设计和组织不同的色彩关系，这是形成整体统一的基本保证，舒适和室内环境的艺术表现。家具的色彩设计是至关重要的，不同的颜色处理相同的家具，可以模拟不同的室内环境氛围，添加对室内环境的各具特色的兴趣。

家具的色彩设计不能从设计的角度看自己只从家具，应抓住系统总的来说，家具和室内环境色彩的色彩搭配和谐的关键，家具色彩设计。家具色彩应与整个室内环境的色彩感觉的照片，完成家具和室内环境色彩相互和谐，使人产生舒适的视觉感受。设计，一般使用大面积的色彩进行谐波，使和谐小面积的地方色彩在一定程度上形成了对比，身体显示了室内环境的和谐性和比较。适宜的颜色或相邻近颜色的家具适用于联合的身体，面积大，使整个室内环境的和谐与色彩。小家具个性化常常反映出，互补色应该应用于室内环境，使视觉冲击力加强。从人的生理角度上看，长期观察一种颜色能产生色彩的互补的颜色，因此，为了实现色彩的视觉平衡，应该使用互补色在处理比较关系。

配合居室功能、色彩感觉舒适的基础是正确地，有意识地选择颜色。通过研究和分析人类生理和心理因素，不同的颜色和他们的组合会带来完全不同的预期影响不同层次的人类生理和心理因素。这些层包括神经系统、情绪波动和工作能力。心理学的人在家庭室内环境设计带来的是感动，最明显的是颜色。研究表明，浅蓝色的冷静的人，深红色的浓度，橙色增加食欲，豆绿色使人振作起来，灰色的疲劳，等等。在物理层面，绿色和淡蓝色吸收高频噪声的影响，而低噪声吸收可通过布朗。这些研究结果使人们更相关的地面选择的家具在室内环境中不同的颜色。颜色标记低于特定环境，人们面临着不同颜色的精神状态也各不相同，家具色彩的选择应符合房间的功能和效用。如果儿童桌椅更多选择深红色；客厅搬到构建和谐宁静，可以选择一些金黄，蓝绿色和银灰色，暖色的活泼和热情的气氛感动多适用于休闲空间。

人们有不同的经历、职业和生活习惯，在此基础上色彩往往有一定的倾向。如果天空，等待自然色，得到城市人群的偏好。另外，不同年龄的人的对色彩的偏好也不同。20岁左右的孩子喜欢活泼生动的暖色感动，青少年喜欢有强烈反差的感觉感动，安静暖色被中老年人的喜好感动等等，因此，在家具的色彩设计中要考虑消费者的年龄和喜好。

（二）家具材质的合理搭配

家具材料是材料手段实现系统设计的家具和室内环境。由于不同的处理方法，即使相同的材料，会有不同的纹理。人类的心理波动伴随着这些材料的质感和纹理的变化，这种影响是相当强劲。如果光滑细腻的香谷物，使人感到清新、雅致；而不是光滑的凹凸粗糙的自然纹理，可以让人感觉简单，平原。材料质地的影响主要是通过人的心理有直接的影响，它是通过人的视觉，触觉和其他感官，人的视觉体验整个室内环境将受到影响。因此，不同的生理学，心理学，爱好是关键，应注意双方的设计。例如，老年人，影响他们的生活环境，生理和年龄，更愿意选择平原，自然和优雅的家具实木制成的，而年轻的消费者更热衷于锋利的金属材料和纯玻璃材料制成的家具。

人类复杂的情感。产生的各种思想和情感产生的人类是由家具在室内环境的空间形式。用户将自己的个性和意识形态融入家具在室内环境中创造的空间形态。正是从这个家具的生活价值的生成和理解整个室内环境的影响。家具在室内环境的物理作用基本上反映了家具，电器性的功能性两个方面。家具除了其物理性能同时仍有载体的作用，其影响人类文化的积累和人们的理解到流行文化，时尚，因此，室内环境的风格特点和文化时代气息，能通过家具通常被解释为载体。家具在室内环境设计中起着重要的作用，在室内环境系统中发挥着重要作用。

（三）彰显文化特色

家具和室内设计的发展的发展是密切相关的，各种风格的家具的出现是伴随着风室内设计的变化应也。为了更好地反映出不同的文化特征和人们的生活品味，成分和组织的整体环境是实现室内环境塑造的关键。在钢筋混凝土结构的建筑大多是目前，不同造型和风格的家具也很好的互补作用。使用不同的家具造型风格可以展示不同文化氛围在相同的室内环境空间。

（四）凸显视觉中心

家具作为室内设计的主体，它的形式是控制室内环境的气氛在很大程度上。家具主要是通过色彩、造型、材料等来传达不同的视觉效果。其中更重要的一点即突出视觉中心，例如，沙发在酒吧里客厅，各宫的宫的宝座故宫等等，它是这个函数的有力的解释。这些功能空间，以形成一定的视觉中心，空间向心力，通常通过地面人行道，天花造型，家具来实现这一目的，家具无疑是主要的元素来吸引注意力。

（五）传达时代气息

在室内环境中，人的追求是相反的时代气息和对当代技术可以通过家具成真。家的选择反映了主人的生活，生活极大的理解和感受，室内环境的时代气息特征也是通过家具选择能体现。例如，1929年世界博览会德国馆的巴塞罗那，西班牙，当代设计的主建筑师密斯·凡·德罗，是一个具有里程碑意义的设计工作。世博会德国馆的原因吸引了如此多的注意力不仅是高贵，优雅，生动明亮的建筑作品本身的质量，而且还"巴塞罗那椅"的巧妙组合在展厅及其体系结构。密斯的巴塞罗那椅也是工作精心设计，曲线，靠背和座位交叉相反，不仅造型简洁美观，和坐起来特别舒服。展馆被拆除后不久，但是黑白照片留下的许多有广泛影响世界各地的建筑师的工作。这个架构的工作演示了一个从未见过的建筑质量，从而有效地扩大了现代主义建筑的影响。半个世纪之后，密斯100周年诞辰，1983年西班牙政府重建了展厅，这对建筑世界产生了深远的影响。整个建筑是配备了一个宽敞的室内环境，没有装饰，只有著名的巴塞罗那椅。家具和室内环境设计充分利用新材料和新技术，并且传达时代的味道结合时代的发展。

二、家具在室内环境空间组织中的作用

室内空间结构的建筑结构是一个重要的元素，主要反映在它的结构刚性和固定，限制性的影响大小、形状和功能的空间。它是室内设计中家具的功能划分和组织室内空间和维护空间秩序。

（一）划分空间

家具在划分和组织室内空间的功能上，主要是通过家具的实体，根据合理的功能将其所处的室内大空间划分为几个小功能空间，使室内空间功能得到深化和细化，更好地满足空间的使用。它广泛用于办公室开放的公共空间，金融交易大厅和家居空间。以创造适应不同需求的二次空间，合理使用家具组合排列，这种处理使空间隔不断，使用功能更趋向合理，人们还可以根据具体的使用需求灵活变化，在保证使用功能的基础上，使室内空间层次感更强烈。家具布置的合理性和组织代表室内空间在某种意义上的合理性，主要反映在家具布置的合理性和家具个人设计的合理性。

家具布置的合理性主要是使室内空间有序。这一个目的主要是通过家具和装修的合理的选择，符合功能需求来实现。其内容主要包括：家具摆放，合理使用家具形式，改进或丰富室内空间，家具的形式和数量确认，不同的室内空间布置方法适用于不同类型或效用。

国内家具设计和室内设计行业相互隔绝了很长一段时间。室内设计师学习和掌握一些家具在室内空间不是系统，应用技术和家具设计师思考这种连接不够深入。如果家具设计者可以认为深入和系统地研究家具和空间设计之间的关系，然后一些家具可以更好地与使用的室内空间。

在室内空间设计中，各种各样的家具时寻求它的位置与某些特定的逻辑，其固有的功能，维护每个功能区的空间正常运行开始玩。为了提高功能空间功能的家具，这些家具设计的合理性尤为重要。丹麦学派的创始人克林特在家居餐具的设计上，对餐具和厨房用品所需要的空间进行了系统细致的研究，使他设计的产品可以容纳更多的东西，使他的设计达到了传统餐具容量的两倍，满足了当时小的室内空间。他存储的家具设计，以适应不同类型的对象，合理划分和不同大小的空间组织。随着物质生活水平的不断提高，各种各样的货物的增加，我们不仅需要空间来存储它们，但也更好地管理它们。因此，为了在大的存储空间中实现，有依据的对小单元的各种功能进行分类和组织，设计者需要对各种日常

产品的功能、结构、尺寸等信息进行系统分析，在家具设计中进行详细的排列可以使存储空间的功能更好。目前，如何有效地管理商品的问题，许多国内存储家具设计不能很好地解决。货物堆积在家具以一种无序的方式，公开缺乏空间意识，使完美和秩序感不完全反映在家具设计中。宜家家居的家具和一些辅助设施得到了很好地体现在这一点上，设计师可以宜家辅助设施的设计理念融入家具设计，可以在一定程度上解决了这个问题。

（二）维持空间秩序

最明显的体现家具和室内空间之间的关系是系统的家具，设计的对象不再关注一个人和家具之间的关系和其他室内环境因素也应该被考虑。系统设计的理论是由乌尔姆设计的，从那时起，系统家具逐渐发展成为家具设计的一个非常重要的范畴，现代制造技术也在不断为其提供支撑，在办公室、学校、厨房、民居等各种室内环境中得到了广泛的空间应用。

系统设计的初衷是组织无序室内空间在一个高度有序的方式，和相关性和系统化的突出体现它的各个部分。通常情况下，这一设计方法创建一个基本模数单元最重要的是，让家具的基本形式实现简单而简单，但可以化合的性，发展不断在本单元基础上，逐渐形成完整的系统，因此，最终什么家具礼物也是一种系统的、集成的风格和形式。然而，设计的系统家具的真理背后隐藏着强烈的视觉连接的室内环境。进行视觉形象的整体设计的共同特征是目前国内系统家具产品，虽然外观风格的匹配得到关注，建立空间秩序没有得到足够的重视。将现代设计转移到科技是乌尔姆设计学院的重要贡献。训练设计师注重科学的知识和技术，也带来了发展的系统设计。换句话说，理性秩序的基础是系统的家具设计，和综合视觉外观只是外观的一部分。

三、家具承载着室内设计的具体使用功能

家具的功能建设和改善室内空间是一个复杂的过程，离不开家具的参与。在某种程度上，家具的存在作为一种重要的媒介传达空间室内空间设计的特点。

家具在过程中深化室内空间的设计，通过不同的室内空间的环境功能的家具。以座椅为例，主要是提供一个人坐在倾斜，但是特征要求使用多样的环境，必须通过堆栈方便、组装或拆卸组件上的属性。可以看出区别不同的室内空间创造了家具设计的独特性。如今，室内环境离不开信息技术，室内环境空间的形成受到它的影响。办公空间的每一个角落充满了各种各样的新的和方便的高科技电子产品，人们的生活和工作模式也相应变化。这个信息空间使现代家具设计的特点做出新的反应。例如，随着网络和可视化技术的发展，现代办公会议室的功能也越来越强大。人们可以显示参与者的结果更直观地通过投影，和电话会议可以意识到通过视频设备技术的不断成熟。然而，传统的会议桌上不再能满足要求的日益丰富和会议室的功能改变。为了满足室内环境的要求，传统的会议桌上需要改善。新设计的会议桌上可以根据需求，形成合适的会议场所，可以折叠或分解和用作桌子。家具，一个重要的平台，传递的功能空间。家具离不开环境。简单的家具设计，让环境特点

和承担，不能充分发挥空间的功能和效果，还可以使空间显得平庸的同时，平淡。

第三节　家具与艺术、科技

家具是一种实用艺术品，将科学技术与文化艺术相结合。比重不同的家具设计和风格有时更多地展示特别强调科技、艺术或更多地展示特定的压力。随着经济的发展，科学、技术和文化，人们的生活环境和美学要求不断改进，使家具和艺术之间的关系越来越密切。特别是，古代家具的风格演变发展同步的艺术和建筑。艺术已经越来越多的影响家具建模和设计。如古典艺术风格，罗马艺术风格，中世纪的艺术风格，文艺复兴时期的艺术风格，洛可可艺术风格、巴洛克艺术风格等等所有产生相应的家具风格在同一时间。在中国，世界著名的明式家具也对应于明代文人画风格，园林艺术风格和同步发展。家具是森林的主要形式之一，世界艺术因其造型艺术的主要特征。从西方到东方艺术博物馆，古典艺术博物馆、现代艺术博物馆、家具是一个重要的收集和研究对象。

现代家具设计师要学习和研究艺术在家具设计中的作用，要具备扎实的基本功和深厚的造型美学修养，深入研究家具造型的造型形式和规律的内容，培养美感的意识，运用形式美法则的形式来创造美，尤其要吸取当代艺术的精髓，吸取当代艺术的精髓。并探讨现代家具的建模和设计。从现代家具的发展历史，从19世纪到现在，现代家具一直是当代艺术的杰作，如抽象艺术，现代绘画和现代雕塑，由许多艺术与设计大师。

一、家具与美术

新艺术运动在欧洲的兴起催生了麦金托什的垂直风格的家具。红、黄、蓝三原色的蒙德里安，最重要的现代画家的艺术运动，荷兰风格，和矩形的几何不对称分裂抽象绘画，直接影响了著名的建筑师和家具设计师里特维尔德，著名的现代家具设计——红色和蓝色的椅子。现代前卫雕塑大师亨利·摩尔的抽象雕塑组成的圆形多变的生物形式激发了"有机家具"的新一代的美国建筑和家具设计师查尔斯·伊姆斯和埃罗·沙里宁现代家具正在从"实用""艺术"，"雕塑"和"时尚"。从"对象、材料、技术"重点转移到"视觉，触觉、艺术"优先级时代，家具造型设计的艺术效果成为一个最重要的视觉元素。现代家具设计师继续探索艺术和功能的最佳组合，集成现代艺术和现代家具，不断创造更多和更漂亮的家具。例如"蚁形椅""天鹅椅"与"蛋形椅"，由多才多艺的丹麦建筑师和家具设计大师安娜雅各布森建立了一种新型的现代椅子雕塑美。丹麦家具设计师维纳尔·潘顿创造了扇贝和蜻蜓的椅子与完美的曲线；年轻的澳大利亚天才家具设计师马克·纽森创造了一系列女性充满曲线美的身体充满灵感的有机建模家具，这些优秀的现代家具杰作为现代家具设计大师和现代艺术之间的桥梁。现代家具的"艺术改变"和"雕塑变化""时装变化"，将会扩大现代家具的设计思路越来越得到人们的欢迎。作为一个现代家具设计专业，它应该集成技术教育和艺术教育，探索科技与人文的最佳组合，和培养新一代的家具设计专业人士。

二、家具与建筑

家具的发展和体系结构的发展一直是并行关系。历史悠久，东西方建筑风格的演变和风格一直影响家具样式和风格。可以说，家具是一个模仿的建筑。例如，在中世纪哥特式建筑的崛起在欧洲得到相同的刚性和直哥特式家具。巴洛克建筑的外观，在家具设计领域也出现了巴洛克式家具；明代中国园林建筑的繁荣伴随着细腻无与伦比的明代家具。现代主义建筑风格的流行也产生了国际主义风格的现代家具。因此，家具与建筑密切相关的发展，已发展的主流家具风格在西方。在历史上，有许多的建筑设计大师也家具设计大师。

20 世纪末 20 世纪初，英国最重要的建筑师和家具设计师查尔斯·伦尼·麦金托什被公认为 19 世纪末最具创意的建筑设计师和家具设计师，他把家具作为建筑空间设计的一个重要因素加以把握，所以我特别注重美观，设计了一系列几何造型垂直风格的家具经典，高椅系列家具是垂直与他简单几何立体造型风格建筑设计高度统一。麦金托什的几何设计是独一无二的。他的设计更接近现代设计，青春风格的几何元素的形式进一步简化为直线和广场在他的手中。

创作于 1917 年，荷兰式的建筑师，一个出生的木匠，在作品设计上享有盛名，是最早的抽象形式"红蓝椅子"和立体立体空间建筑"施罗德住宅"，是立体派的视觉语言和风格，向三维空间、建筑和家具产品的历史上发出了绘画风格和艺术手法的表现。

从 20 世纪初到 20 世纪 30 年代，国际主义建筑设计大师密斯·凡·德罗的"MR"轻而优雅的钢管椅，巴塞罗那椅和巴塞罗那世博会德国馆的立体空间设计，建筑和椅子是他"少即是多"设计理念的代表作。

芬兰建筑大师阿尔瓦·阿尔托将家具设计视为"整体建筑的附着物"，他采用蒸汽弯曲木工艺设计并生产了一系列弯曲木家具，具有强烈的有机功能特点，成为现代家具设计的经典非常独特，是他追求完美的有机形式的建筑组成部分。阿尔托认为，个人和整个的设计是相互关联的，椅子和墙，墙和建筑结构，是不可分割的有机组成，建筑是一个自然的一部分。的关系，建筑必须遵守环境，墙必须遵守建筑，椅子必须服从墙上。阿尔托，通过他设计的建筑和家具，表明环境之间的和谐关系同建筑和家具。阿尔托的设计思想对现代家具和建筑做出了巨大的贡献，影响了一代设计师。

马歇尔·布劳耶是第一个包豪斯大学毕业生，在作为一个老师，一个伟大的建筑师和 20 世纪的家具设计师。在包豪斯期间，他发起的钢管家具的设计和设计一系列的家具与夹板弯，这对于现代家具奠定了非常重要的基础技术。布鲁尔的哲学思想和设计影响了整整一代的建筑师和设计师在美国和世界。美籍华人著名建筑设计大师贝津铭特别强调，布鲁尔使他影响深远。

西班牙建筑师，家具设计师高迪，他的作品追求曲线，反对直线，与强烈的形式压倒功能特点。为了追求曲线，建筑被设计成弧形，连门窗也包裹在壁厚曲线。家具，如桌子和椅子，也符合他们的建筑作品。几乎没有直线，这正是一个雕塑。从形式、颜色和图案的家具，它充满了对未来的幻想。家具设计的他充满了雕塑的意义和自然活力，这可以说是当今雕塑家具的前身。

现代国际主义建筑师，埃罗·沙里宁是埃利尔·沙里宁的儿子芬兰一个著名建筑大师，个著名的芬兰建筑师。他研究了——克兰布鲁克艺术学院学习。美国著名设计学院由他的父亲。这所大学引进了欧洲现代主义设计思想和系统有计划地向美国高等教育体系。它重视设计概念的形成和功能问题的解决方案。其教学主要侧重于建筑和家具设计。受到这种教育思想的影响，埃罗·沙里宁成为美国新一代大师的有机功能主义在建筑和家具设计。他设计的杰斐逊国家纪念碑、肯尼迪国际机场，杜勒斯国际机场，已成为有机功能主义代表的里程碑式的建筑。同样的，他的"有机"家具的设计也非常突出，土豆片的椅子上，子宫椅，郁金香椅是最优秀的家具作品从 20 世纪 50 年代到 20 世纪 60 年代。通过这些椅子的设计，埃罗·沙里宁有机形式和现代功能相结合，创建一个新的有机现代主义的设计方法。在澳大利亚悉尼歌剧院的设计最著名的建筑在 20 世纪，是由沙里宁担任国法官时，从废弃的方案中发现挖掘出来的。

第二次世界大战期间，意大利以设计建造了一个国家，拥有世界上最好的设计和最杰出的设计师，但是，意大利却没有一个专门的设计院，大多数设计师都毕业于建筑学院的建筑专业，甚至意大利的时装设计师都应该有建筑专业文凭。同样的设计师可以设计一个豪宅和一流的家具，从法拉利、通心粉到城市。根据乔治·庞帝，一个著名的意大利建筑师和设计师，"意大利的一半是由上帝，另一半由建筑师。"上帝创造了平原、河谷、湖泊、河流和天空，但教堂的轮廓，立面，教堂和钟楼的形状是由建筑师设计的。因此，意大利家具设计一直在世界的前沿设计，每年的米兰国际家具博览会是世界奥运会的家具。家具的意大利设计师的设计包含了一个集成体系结构之间的关系，美学、技术和人类社会。由设计师设计的光和舒适的椅子上称为"微风"，它为用户提供舒适的微风。年轻设计师马西姆·约萨·吉尼用他的扶手椅"妈妈"一个深情的名字意味着提供保护，温暖和安慰。正是这些意大利建筑师创造了现代意大利家具的魔法世界。

中国的临时家具设计尤其要重视建筑与家具的整体关系，重新思考明清以来中国家具发展停滞的原因，沉寂了近半个世纪，随着现代家居世界的遥远，不同建筑的发展水平和家具的分离应该是非常值得承认和分析的主要原因之一。进入 21 世纪，中国家具要清醒地赶上西方现代家具产业的发展，要崛起成为世界家具强国，要从根本上建立起中国现代家具专业教育体系和专业人才培养模式，培养符合国际现代家具设计标准的人才，是当代中国的历史使命和高等教育工作者的神圣职责。

家具始终是一个人与建筑空间之间的中介：人类—家具架构。架构是一个人造的空间，这是人类最重要和决定性的一步摆脱动物王国的进化和发展。每个家具的发展是与人类生活方式的改变密切相关。家具是人类创造文明空间的精致的设计又在建筑空间和环境。这个文明的创造空间是一种设计创新和技术创新，人类改变生活环境和生活方式。人类不能直接使用建筑空间，他们通过家具需要消化建筑空间到家里。因此，家具设计是建筑环境与室内设计的一个重要组成部分。

三、家具与科技

家具的发展始终是科学、技术、艺术的三位一体。随着科学的发展，技术和材料，家具的发展已经到了一个新的高度。在家具的发展历史，你设计大师已经反映了尊重材料，科学，技术和艺术，和许多大师也致力于科技的探索，以反映突出的进步和未来家具设计的设计指导。工业革命后，现代家具的发展更密切相关的科学和技术的进步。机器的发明使家具不再手工制作一个接一个，但大量生产的机器。科学技术的不断进步促进更换家具，新技术，新材料，新技术，新发明带来了现代家具的新设计，新形状，新颜色，新结构、新功能。与此同时，人们的审美概念，时尚，生活总是在科学和技术的进步和改善。家具的发展深受科学和技术的发展，特别是淋漓尽致反映在以下大师的作品。

最突破性的和创造性的现代家具的大师布劳耶只有 23 岁，当他看到一辆自行车，1925 年提出了钢椅的想法。这钢管椅由标准零件是第一世界钢管椅的设计记录。从冷轧钢管焊接和镀镍。椅子被命名为"瓦西里椅"。在这项工作中，布劳耶介绍了他收到的所有影响在包豪斯从立体派广场形式，从十字交叉平面和组成，并从结构主义公开的复杂结构。这个工作的最大的亮点是，他首先介绍了不锈钢管，这是充满创新的材料。也是人类历史上第一次家具发展金属元素是家具的重要组成部分。这对设计工作的影响世界是划时代的。它不仅影响了布劳耶的作品，还有数以百计的其他设计师的作品。布劳耶是非常敏感的技术的发展，新材料、新技术的掌握是非常准确的。"我在思考取代核桃木板张紧的布。布劳耶回忆他的想法。"我想看看弹性框架。如果拉紧的布和弹性的有机结合实现框架，可以创建一个舒适的椅子上坐了。此外，我想创建家具不仅是身体，还有视觉上的光。偶尔我得到黄金的抛光表面感兴趣，和凉爽的线产生的反射光的金属，我觉得这不仅是现代科学技术的象征，但也直接的感觉。"然而，布劳耶的设计事业，新的或旧的材料不是他的设计的主要力量。对他来说，任何材料在他身边，只要他们正确理解和正确使用，将会显示在他的设计内在价值。

在家具设计的大师，密斯的作品还强烈反映了科学技术对设计的影响。密斯强烈的家具和建筑设计作品反映了他的想法，"当技术实现其真正的使命，它升华到艺术"，艺术与技术的统一。从 1933 年到 1935 年，密斯注意弯曲木技术，研究了托耐特家具出现在20 世纪从理论到实践，并提出了家具和住宅是一个统一整体，不同的功能。大约在 1940 年，他从壳结构获得灵感，想出了一把椅子的想法塑造与肋骨。不幸的是，材料和技术在他们幼年直到 20 世纪 60 年代，当丹麦设计师维纳尔·潘顿终于成功地创建这种类型的椅子上。

赖特在 1901 年，四个古老的建筑师之一的现代建筑影响世界，做了一个演讲题为"机械"的艺术和技术在芝加哥艺术和技术的展览。他试图强调简单和明亮的外观和主张机械生产的外观设计。"在工业时代"他说，"这是有创造力的人的责任平衡质量和数量，使科学与艺术共存。"认为艺术家应该充分利用机器作为自己的工具。当他提出这个想法，欧洲仍在一个阶段不清楚理解的机械问题，新艺术运动刚刚出现，现代主义仍处于起步阶段。强调材料和机械的问题，赖特说："令人惊奇的削减、形状、波兰，机械地做这一切。这样省力的出现，会使富人和穷人享受舒适的抛光面和明亮的形式美。机器解放了潜在的自然美景的木头，和所有的不当方法处理木材一直受到历史上必须坚决取缔。这依赖于机械和新材料是一个座右铭，即便在今天犹在耳侧。

现代家具历史上，第一次销售的 4 万多件产品是奥地利家具设计师奈特发明的曲面木椅，它是 19 世纪中叶生产的最早的现代家具，采用蒸汽软化木材的新技术和机械弯曲硬木的现代新技术，将曲面木椅标准化大批量生产，设计典雅，价格低廉，已成为现代家具的流行典范。

二战后，新的人工胶合板材料的发明，新的弯曲和黏合技术，特别是塑料等现代材料，家具设计师提供了更多的创意空间。尼什设计大师阿尔瓦·阿尔托，阿尔瓦是重要的家具设计"椅子"，是他非常著名的"帕米奥椅"，这种简洁的美感，轻盈而充满雕塑家具，所用材料均为阿尔瓦三年多来的层压板，采用现代热压技术的胶合板，使家具的造型变得更加女性化和曲线化，拓展了现代家具设计的新词汇。

新一代的美国家具设计师埃罗·沙里宁和查尔斯·伊姆斯采用明亮塑料注塑工艺，金属型铸造过程中，泡沫橡胶和橡胶等。新技术和新材料，设计了"现代有机家具"，这些新的，更多的循环特性，雕塑形式的家具，并迅速成为现代家具设计的新趋势。

在整个开发过程的现代家具，我们可以发现，有两个重要的和平等的发展线索：一方面，新技术和新材料的不断创新和进步带来了家具技术；另一方面，现代艺术，尤其是现代建筑设计和工业的崛起和发展产品设计，带来了家具的不断进化和创建建模设计。新技术的出现是一种挑战传统家具，然而，一些设计师，拥有先进的创新意识能看到新技术带来的巨大潜力，然而当代家具设计。

为代表的新技术革命，信息技术，出现在 20 世纪 90 年代，带来了一系列重大的对现代家具设计的影响。现代高新技术充分介绍和改造传统的家具行业，造成了划时代的变化和进步在家具设计，生产、管理和销售模式。家具生产方式从机械化向自动化、家具零部件生产逐步标准化、序列化和拆卸。计算机技术在家具行业得到了广泛的应用，计算机辅助设计在现代家具设计领域，大大提高家具设计的质量，缩短设计周期，降低生产成本，已成为一个关键技术，一个强大的工具来提高市场竞争力。计算机辅助制造系统（CAI）是越来越受欢迎的在家用电器的制造过程。

现代家具设计师，应该关注当代科学技术的新发展。因为科技的不断进步，新技术、新材料和新工具将创建相应的，同时，它将有一个对现代设计产生重大影响。科学技术和现代设计的结合将不断创造新的产品和改变人们的生活方式。没有限制的发展，科学技术和现代设计。

第四节　家具艺术设计师应具备的知识结构

一、家具艺术设计师要研究的问题

①家具设计理论研究。从艺术设计的本质和现代工业设计、设计没有设计理论的基础是一个设计没有未来。在设计理论中，最基本的是研究形式和颜色。

②家具设计语言、家具风格及装饰技巧。家具设计语言来实现质量和民族性格，家具风格实现时间和多样性，家具装饰技巧来装饰和适应性。

③家具的功能和使用要求。熟悉新材料，用于家具生产设备和技术，以充分发挥家具的创意艺术。

④设计技术研究。设计技术不一定是日常工作，也不仅仅是一个灵活的工作依赖于手，这是一个合理的处理利用大脑，技术还是做设计的实用技术。在设计的早期阶段，必须作出巨大的努力在认知感官活动，因此认知知觉和判断的敏感性可以加强和改进。

⑤中外家具发展史研究。在人类社会的发展，不断进行建模活动。历史上各种工件正在随着时间的变化，和他们中的很多人都集成和集成通过沟通和中外之间的沟通。因此，我们应该注意研究、继承和发展的形式和内容，古今中外家具，并吸收所有有益的设计养分，充实我们自己的设计。

二、家具艺术设计师的知识与技能

设计和艺术与生俱来的血缘关系。家具设计师需要掌握艺术和设计知识技术能力，这是基本要求所有设计师必须有，包括造型的基础技能，专业设计技能与设计相关的理论知识。

设计是一种工作精神和物质相结合，这是不同于纯艺术创作和科学研究。设计创造是一个先进和复杂的脑力劳动过程，以合成为手段和创新为目的。为主体的设计和创建，设计师必须有各种各样的知识和技能，而这些知识和技能，随着时代的发展而发展。

设计既不是纯粹的艺术，也不是纯粹的自然科学和社会科学，而是一种高度跨学科的综合学科。在工业革命之前，艺术知识和技能的主要成分是设计师的才华，和大量的艺术家从事设计工作。在工业革命之后，尤其是在信息时代的出现，自然科学和社会科学的知识和技能已经发挥着越来越重要的作用在设计师的人才的培养。我们可以比较艺术一方面的知识和技能的设计师，和自然科学和社会科学的知识和技能，像另一只手的设计师。同时，设计和创作也不能"赤手空拳"，随着计算机技术在设计领域的全面渗透，结剑机辅助设计实际上已经成为当今设计师手中最有效的设计工具，贯穿于设计思维和创作的全过程。

第二章　家具材料与设计

第一节　我国家具业的现状

一、我国家具材料市场不断自我完善

家具材料由于受到木材资源匮乏的制约及人们行为审美观转变的影响，现代家具材料可谓无所不用，除了传统的天然木材，木质人造板、金属、塑料、石材、皮革等均可应用在家具上，材料的选择、使用呈多元化趋势。

进入21世纪以后，我国对人造板的消费需求逐年递增。此外，我国家具业每年也在以20%左右的速度递增发展、每年销售额都超过千亿元以上，而人造板又是家具制作的主要原料。多年来，我国人造板市场发展成绩最为显著的当属胶合板；其产量超过刨花板和纤维板产量的总和，占人造板总产量近50%，而且品种丰富、质量提高，在满足国内市场需求的情况下，出口量已超出进口量。中密度纤维板应该属于人造板市场中进步速度最快的产品。据统计，目前国内生产中纤板生产线将近300条，生产潜在能量尚未完全释放。时下高密度纤维板（HDF）市场走势越来越强，不少厂家已开始转向生产。中国的地板出口量以高速度增加，对高密度纤维板（HDF）需求越来越大。至于刨花板，相对于人造板其他产品而言则发展缓慢，其主要原因在于刨花板市场管理混乱，竞争无序，导致产品质量难保。

2005年受印度洋海啸及一些木材出口国控制砍伐等因素影响，国内家具材料一直在涨价，总体涨幅已经达到了20%。很多家具公司目前的产量已经比2004年下降20%。目前进口樟子松的价格已经涨到每立方米2100元，而2004年的价格只有每立方米1800元，涨幅已经达到了17%。与此同时，家具油漆价格平均上涨7%。而且由于油价上涨，一套家具的运输成本也比年前上涨1/3。此外再加上汇率的变动，今年家具成本价格至少上涨20%~30%。

以上的数据说明家具材料在涨价，但随着房地产行业的飞速发展，我国对家具材料的需求在不断增长。申奥的成功更将强力带动家具材料业的发展。

目前全国家具材料市场主要以摊位外租的形式进行经营，从各大市场经营情况来看都

没有形成规模经营和品牌经营，市场比较混乱，市场整体发展缓慢，没有形成市场的领导者。但广东的一些家具材料市场借助地区经济、交通、文化等优势，形成了较大规范，推动地方经济发展。

拥有"中国家具材料之都""中国家具生产第一镇"之称的佛山市顺德龙江就是典范。目前，该镇拥有 1200 多家家具生产企业，800 多间家具与原材料销售店铺，产值数十亿元，从业人数近 10 万，是全球规模最大的家具材料集散中心，具有完善的"产、供、销"家具产业链，家具业达到很高的生产现代化水平，一大批企业品牌崛起成为中国家具著名品牌。广东顺德龙江镇以联营的经营模式，建立了一个建筑面积 140 万平方米的超大规模、一站式家具材料专业市场"亚洲国际家具材料交易中心"，目前已获得初步成功，这种联营形式的经营方式的营业额也随着该模式逐渐被群众接受与认可而日益提高，我们看到了这种新的经营模式是适合市场发展需要的。

打造世界一流的复合型、功能型的专业市场，致力于服务全球家具，其功能决非简单的买卖交易，"亚洲国际家具材料交易中心"包括八大功能中心，在配套方面全面立体化。八大功能包括会展中心、信息中心、物流中心、商务中心、研发中心、品牌推广中心、特色产品中心以及仓储中心。八大功能中心搭建一站式国际家具材料交易平台，并为推动家具新材料的研发和应用方面进行努力。

"亚洲国际家具材料交易中心"采用统一经营管理的模式，商铺租售控制在一定比例，以便长远发展的需要。整个项目将规划五大经营区域，包括皮革、布艺、辅料区，五金、塑料、模具区，家具配件区，海绵、油漆、化工区、包装材料、木皮、云石区，经营范围和品种覆盖了整个家具材料领域。与此同时，作为一个复合型、一站式专业市场，整个项目将拥有会展、信息、物流、商务、研发、品牌推广、特色产品、仓储等八大功能中心，包括星级酒店、高级公寓等在内的公建配套设施是非常完善的。从发展商方面提供的资料显示，该项目也将是亚洲最大的家具材料专业市场。

中国虽然加入 WTO，但是各类较高的关税，依旧是国际家具材料进入国内市场的堡垒，加上一些地方保护主义意识，这些都影响了国际家具材料在国内市场的发展。但国外家具材料企业都盯紧中国这个发展中国家，特别是城市化日益发展的中国在家具材料的需求量特别大，这使得国外企业都想往中国发展。

国内家具材料比较落后，部分消费者对国外的产品都比较喜欢，这也促进了国外家具材料厂商进入中国。随着全球市场一体化，外资开始涌入中国家具材料流通领域，美国 Home Depot，德国 OBI，英国 B&Q 等洋超市连锁迅速扩张，物流配送，大型家居广场、购物中心、专业店、品牌店以及电子商务等多种新型业态形式的冲击，使中国传统的家具材料面临着新的发展机遇和严峻的生存挑战。美国 Home Depot 已从中国商务部取得营业许可证，正在商讨开业事宜，"中美大战"序幕即将拉开。

二、我国家具设计现状

改革开放后,中国家具业取得了令人瞩目的成绩。2004 年中国的家具出口就突破 100 亿美元,成为全球第一出口大国。随着中国经济的持续发展和人们生活水平的不断提高,中国家具业也正以惊人的速度持续增长。但是从另外一点看,中国人均生产力跟国外却有非常大的差距,家具设计的差距就更大了,所以从目前来说,中国虽然已经成为一个家具制造大国,但是距离家具制造强国,还有很长的路要走。

经过一个多世纪的不断发展,已经显示出具有我国民族形式和科学内涵的家具,这一趋势正在不断发展。大量的家具企业家、设计师和行业专家都在提倡我国的家具设计要有独创性,提出"设计出具有中国特色的现代家具,我们看到了中国家具设计的曙光。"特别鼓舞人心的是党和国家领导人十分注重祖国文化,在接见外宾的场所全是民族风格的国产家具。

现在我国已拥有一批家具设计者,1985 年全国家具企业平均每家仅有 0.89 名工程技术人员,而现在已有 86.8% 的家具企业设有专职或兼职的家具设计机构,估计平均每个企业有 2 名家具设计人员,若将企业主兼职做家具设计(他们都是家具名匠)的计入,所有企业都有家具设计者。新兴的室内装饰公司也拥有一大批家具设计师,这一批家具设计师为我国家具设计的中坚力量。由于"计算机辅助家具设计"(FCAD)等先进设计手段能极大的提高效益,节约大量宝贵的产品设计与开发时间,因此越来越多的家具企业已经将 CAD 应用于设计,完善设计手段。

然而,设计也正日益成为制约中国家具业发展的"瓶颈"。家具创新设计主要体现在外观设计造型和表面装饰上,提倡个性化、风格化、情趣化,讲究的是美感。原创设计强调的是一种有明确目的的创造性活动,而不是"抄袭""模仿"。

中国的家具出口额大,然而大部分都是"做贴牌产品",无原创设计。广东家具出口,以台资企业的 OEM 产品为主,自主品牌 5% 还不到,虽然出口数量大,赚的仅是微薄的加工费,而广东多数企业仍以内销为主。高水平的设计缺乏是制约广东乃至全国家具发展的瓶颈。例如:一套套房实木家具的图纸是由美国本土的设计师设计,由中国大陆家具公司制造,一套实木家具的到岸成交价为大约 1 万元人民币,而在美国的市场价可卖到大约 6 万元人民币,也就是说此套套房实木家具的设计费为大约 5 万元人民币,中国家具制造公司的利润只是一点点廉价生产加工的费用,而美国公司赚取的是巨额设计费用。

现在,中国国内市场的家具设计照抄照搬的现象已经减少了,不像过去哪个厂的产品好卖大家都照抄,虽然有专利但是也无可奈何,宁愿做一个摆设也不愿意拿这个东西来跟你对簿公堂,因为那样花时间太多。现在照抄照搬没有了,但是每一个生产企业,在自己的产品设计开发的路子还是:哪一个家具企业的产品在市场上好卖,哪一款颜色搭配的产品在市场上好销就做哪一个。

最明显就是企业产品的更换，产品的改朝换代的频率明显加快，有的产品一年不到就改，能做两年的产品已经非常不错，两年以后又要改，甚至一年改几次，包括企业在产品设计方面也是很为难，很累，但是不改又不行。现在产品开发市场一转这个产品好卖马上就开发这个产品，等你开发出来又变了，所以市场上颜色搭配，款式大同小异，你做亮光好卖我也做亮光，你做黑白搭配我也做黑白搭配，大部分都追求新奇，所以造成企业在产品设计方面更换产品的频率过快，一年两次，甚至一年三次。这在开发成本对于产品有很大的影响，对于企业的发展也带来很不利的影响，基本上就不断地想产品，过了一年半载这个产品肯定要改，一个产品出来不到一年就要淘汰。

表面上我们家具设计开发能力加强了，家具品种多样化了，但实际上这是我们设计开发水平不高的原因。设计出来的家具没有生命力，生命周期短。现代设计出来的家具很少可以像明清家具一样"流传百世"的。

中国家具业正在呼唤家具制造企业提高产品创新设计水平，改变传统的设计模式，推进家具设计的现代化进程，为家具设计做出更重大的创造和革新，为家具在实用功能、艺术造型、新材料、新技术和新工艺等方面带来更广阔的空间和市场。

在我国，当今的家具设计界越来越认同，并接受一种新的设计观念，那就是：设计新家具就是设计一种新的生活方式、工作方式、休闲方式、娱乐方式，对"家具的功能不仅是物质的，也是精神的"有更多、更深的理解。现代家具正朝着实用、多功能、舒适、保健、装饰等方向发展。

我们在家具设计和生产上固然要顺应当今国际潮流和时尚，但也不能"数典忘宗"，只求仿造照搬外国模式，跟着洋人的感觉走。我国家具的设计和生产应该植根于五千年文明的深厚土壤，保持和弘扬自己的民族文化。我们应该努力汲取我国古典家具文化的精髓和神韵，运用现代高新技术，设计和制造具有民族文化特色且合乎现代社会人们生活习惯的中式家具。这样，我国家具就一定能够重整旗鼓，走出一条新的路子，在国际市场上独领风骚，再创辉煌。

中国家具业正在呼唤家具制造企业提高产品创新设计水平，改变传统的设计模式，推进家具设计的现代化进程，为家具设计做出更重大的创造和革新，为家具在实用功能、艺术造型、新材料、新技术和新工艺等方面带来更广阔的空间和市场。新材料的开发尤为重要，新材料是创新之源。

确立中国家具现代设计的新风格，是一个长期的任务，甚至需要我们几代人的努力，但我们要坚持不懈地朝着这个方向努力。就目前我们的设计现状来讲，我们除了需要重视产品艺术风格的设计和功能设计外，还要注重同这两项设计相适应的制造工艺的设计，以此来提高生产效率，降低生产成本，提高产品质量，提高产品的竞争力。我们除了重视实木家具、人造板家具的设计外，还要重视金属家具、塑料家具、玻璃家具、藤竹家具的设计，以及各种材料组合的家具的设计。总之，我们要通过提高家具设计的水平，来提高生产效率，降低生产成本，提高产品质量；通过提高家具设计的水平来确立我国家具的风格，确立我国家具在世界家具市场上的地位，确立中国家具品牌在消费者心目中的地位。

三、我国家具生产高速发展

经过中国几代人的努力，中国初步形成了自己的家具工业体系。1978~1996 年期间我国家具行业的产值平均每年以 15%~20% 的速度在增长，已跻身于世界上最大的家具生产国行列。全国家具工业的总产值已由 20 世纪 80 年代初的 20 多亿元猛增到今天 700 多亿元的年产值；全国拥有家具企业 5 万余家，其中合资企业 500 余家，从业人员达 500 多万人，目前每年的销售额 2000 亿 RMB 以上，家具工业已成为国民经济一个新的增长点。同时由于我国拥有 12 亿以上人口，这本身就是一个巨大的潜在市场，近年来城乡居民收入以每年 4%~6% 的速度增长，居民住房条件日益改善，新建住宅楼盘供不应求，家具更新周期从以往的 6~10 年缩短至 4~8 年，再加上每年新建的办公楼、宾馆、酒店等，消费市场越来越大。

家具出口一直保持增长态势。自 1996 年以来，我国家具出口平均增长三成以上，2002 年家具行业实现产值 250 亿元，比 2001 年增长 17.8%。2004 年出口首次超过 100 亿美元。据海关最新统计，2005 年 1~6 月，家具出口额达 65.3 亿美元，同比增长 32.4%。按此速度，今年出口总量将有可能超过世界家具第一大出口国——意大利。今年还要有提高。这一连串的数字，表明中国家具产业发展喜人，但中国家具出口过分依赖价格优势，而大部分出口产品都是通过"贴牌"生产，很少有自己的名牌。再看进口，2004 年 1 至 7 月，中国共进口家具 1.05 亿美元，同比猛增 47%；而且从 2005 年 1 月 1 日起，中国进口家具的关税将降至零，那时候，家具行业家门口的国内竞争就是国际竞争。内忧外患，我们身在本行业中的每个人都感觉到了，中国家具行业的确面临着愈来愈大的生存考验，而这种考验还不仅仅是一个来自美国的"反倾销"。

目前，中国家具工业在生产制作方式上所存在的突出问题是手工含金高和应变能力差。手工含量高的主观原因是传统观念，其客观原因在形式上是经济条件的限制，即大多数企业没有足够的经济实力全部实现工业化生产，究其深层的原因，还在于专业化生产协作方式尚未形成气候，致使整个行业还不能走出大而全、小而全的怪圈。什么都想做，而又不可能什么机器都买时，只好土法上马、手工完成。然而，手工制作终究无法控制尺寸精度和提高生产效率。手工制作在某种程度上来说，只是应变的一种不得已的手段。家具产品极具个性化特点，一旦风格、材料与结构发生变化，家具企业往往没有相应的设备应变能力，也就只好依靠手工了。

目前，有些中小型企业正是凭着这种"并不怎么样"的应变能力与一些较为正规的企业抗衡着，因为那些正规企业虽然对某一类产品来说有着完整而健全的工业化生产体系，但无法适应产品品种的频繁变化，只能眼睁睁地看着市场从身边流失。

因此，如何解决小批量多品种生产的市场需求与工业化生产体系高质高效能力之间的矛盾是家具行业发展的关键与方向。随着现代控制学理论的出现与计算机技术的迅猛发展，家具生产已经可以借助于计算机集成制造系统来较为成功地解决这一矛盾了。不过，由于这一系统有赖于软件系统与控制技术的进一步完善，加上经济方面的原因，以及社会结合形式的多样化，所以专业化分工合作的方式仍将在"完全竞争"性的家具市场中起着不可替代的作用，并在诸如材料的尺寸稳定性处理等方面与计算机集成制造系统优势互补，共同构成 21 世纪的家具生产方式。

　　近年来，我国家具工业在新技术的应用上有了长足发展，市场对产品提出了更高、更新的要求，生产高质量的家具必须要有性能优良的设备作物质保障，这是家具工业界的共识，一些新技术，如计算机辅助设计、计算机数字多维控制功能，计算机模拟系统，模压技术、真空覆膜技术等逐步应用于企业生产。这样，对企业生产工人的要求也越来越高，已经有企业将技校毕业的技术工人代替现在的农民工，不断提高企业工人的素质。

　　另外，在我国广东省佛山地区，出现了专门生产家具基材或某些家具零部件的协作单位，呈现协作化、专业化的趋势。

　　总之，实现高度机械化和协作化是现代工业的必由之路，从国情出发，这是一条漫长之路，而生产设备选型要务实，不要迷信高、精设备，以通用设备为主，异型高精设备为辅，搞单机配套较适合国情，高素质的企业员工比设备更重要。

四、我国家具市场销售持续增长

　　如今从产品设计、价格和质量上看，家具市场已分成 4 个层次的格局。

　　（1）面对品味和素质极高，追求满意和高雅生活方式的高收入消费者的高档家具展厅。如国外许多知名品牌都具有独特的历史和文化，具有鲜明的设计风格和一流品质，在这些产品的设计者中往往会发现国外著名设计师的大名。产品系列化，涵盖家居、工程、办公等领域。拥有一流的购物环境，与国外厂商有紧密的联系。并且能提供装修和设计一条龙服务，为建筑和室内设计师做项目提供一流产品选择。

　　（2）面向大众的中高档国外家具。一般都有单一品牌，风格现代多样，家具系列化，购物环境独特，设有特别的样板间以及饰品架。

　　（3）面向中等收入消费者等高档家具"写字楼"。他们为家具商提供了一流的购物环境，但是对厂家而言缺乏个性发展空间，要承担高昂的租金，竞争空前激烈。

　　（4）面对大众的普通家具城。历史悠久，占地多在几万平方米，经营国内品牌为主，购物环境相对较差。家具摆放由于品种多而空间有限，显得单调乏味。家具设计雷同，附加值很低，但市场份额最大。

　　大型家具商场兴起，家具流通大发展从 1929 年德国科隆（Cologne）举办第一届国际家具展览会开始，家具商场越办越大，现在科隆展览面积已达 26 万平方米。美国的北卡罗来纳州的高点（High Point）家具展览区域的伸展半径达 50 英里（80 多平方千米），可谓世界之最。而中国的大型家具商场大有"超德赶美"之势。

我国大型家具商场正在兴起，广东省的顺德乐从国际家城建有 10 多万平方米的展览厅已在营业，是中国最大的家具商场。据统计，目前我国 5000 m，以上的家具流通场所超过 2500 家，1 万平方米以上的家具流通场所超过 900 多家，2 万平方米以上的家具流通场所超过 500 多家，3 万平方米以上的家具流通场所超过 100 多家，5 万平方米以上的家具流通场所超过 30 多家。此外还有像广东顺德乐从、龙江两镇相连的近 200 万平方米的家具一条街，东莞厚街近 20 万平方米的家具大道等。我国各地专业家具流通场所经营面积达到 2000 万平方米。

唐山建有 15 万平方米的家具市场。北京也形成从北三环路的安贞桥起至东三环路延伸到南三环路玉泉营的"家具商场街"。大型家具商场的兴建，促进了家具大流通。从广东省的乐从国际家具城可感到家具大流通的气氛甚浓，如皇朝欧美家具、意大利家具、我国台湾家具等，汇集了四面八方的家具，又流向四面八方。像金海马、香江这样自营的最大的中国家具流通企业，其营业机构分支遍及中国各大城市，企业年销售收入达到 3 亿元。

从中国家具协会获悉，2005 年上半年，规模以上家具企业销售收入达到 604.45 亿元，同比增长 26.87%；利润 25.44 亿元，同比增长 26.83%，产销率达到 97.9%。进出口方面，2005 年 1~6 月家具进口达到 65.3 亿美元，同比增长 32.44%，出口 3.14 亿美元，同比下降 22.86%。而家具行业总体发展态势良好的同时，也暴露出一些问题，如增长率低于近年的平均水平，利润率大幅下降等。

这些问题，主要是消费市场渠道发展过热，导致的局部恶性竞争问题。在深圳、广州、上海等城市，最近两年各种以家具销售为主的超大型零售终端的新增率都达到 20%~30%，局部消费需求处于极度饱和状态，渠道企业间开始出现无序的恶性竞争，影响了各个参与企业的整体健康发展。同时，这种现象也导致近两年大量代理商投资负担的加重、经营成本的增加和平均利润的下降，导致不少代理商出现亏损。

随着经济发展，这些家具城会逐渐改头换面，向高档家具展厅的目标靠拢。中国企业已走出了反倾销的阴影。2005 年 1~7 月份，顺德家具出口总额已超过 9300 万美元，同比增长超过 30%。这表明，在经历 2004 年年底美国的反倾销之后，中国家具出口已逐渐恢复元气。

第二节　我国家具业发展趋势

一、我国家具材料发展趋势和材料市场全球化

绿色生态家具材料成主流，2005 年的主流家具及饰品以绿色生态设计为主，把高尚

人士亲近大自然的欲望，最大限度地释放到家居的绿色设计中去，使高端家具同时融合自然、环保、高雅和现代四大设计元素。家具材料以实木、天然木皮、真皮革、布艺、玻璃和金属为主；风格注重简约、质朴。而经过改良的去繁就简的传统欧式家具及流露出高贵典雅气质的新古典式家具，仍会大受欢迎。

近年来，人们的审美观取向有"返璞归真，回归自然"的趋势，在多元化的家具材料中，天然材料和实木迎合了现代人的要求既能体现出现代生活的活力，又能保留传统风格的心态，因而多元化的家具材料中，天然材料、实木将是家具材料的主流。由于高学历、高收入、高品位人群的增多，这一消费市场也十分活跃。及回归自然的呼声越来越强烈，具有古朴、自然、亲切之风格的实木家具将越来越受人们的欢迎。

木材既是一种天然生物资源（Re-generation）又是可多次再用（Reuse）和循环利用（Recycle）的"3-R"资源。木材和人类有着难以言传的情感联系，高档家具精品蕴含丰富传统文化内涵的家具必然以天然实木为制作材料。

对木材紧缺的我国要满足人们日益增长的对高档实木家具的需求，应将从如下方面着手：

1. 大力发展板式家具

薄木覆面的人造板为基材的板式家具如：纤维板、刨花板等人造板利用木材废料或农作物秸秆加工制造，虽然具备了木材的一些特性，但不具有实体木材的纹理，装饰效果较差。通过薄木覆贴在人造板表面，可弥补碎料类人造板的这一不足，完全可以替代全实木制作家具。

2. 开发速生材家具

我国的人工林 70% 以上都是速生树种，作为家具用材，速生材的物理力学性质及木材纹理都不如天然林木材，但可以通过增强处理、贴薄木，制作组合薄木或作为次要部件等方式在家具中大量应用，以补充珍贵木材的不足。

3. 积极开发和引导使用多元化材料和仿实木家具

材料的多元化是发展趋势，为保护生态环境，在相当长一段时间内要减少天然林珍贵木材的采伐量，也会影响到全实木家具的生产量。可大力发展非木材资源（包括竹材、农业剩余物或其他草本植物为原料）的复合材料与实木混合原料的家具。用一些塑料、金属等材料作为部分家具的零配件，可使家具在具有实木家具的外观表面，同时可减少实木的用量。因此，天然实木、实木拼板的配套技术及木纹装饰纸、木纹浸渍纸，装饰板，天然薄木（或微薄木）等的贴面技术等将有很大发展前途。不锈钢、工程塑料、记忆金属、热敏材料、结构陶瓷和新型纸板等新材料也可以用来制作家具中的某个配件，也可以成为家具的主体材料。

有关专家指出，当前我国新材料领域的发展趋势呈现如下特点：

（1）材料复合优化仍将是新材料开发中普遍且行之有效的方法，已经由结构材料向非结构材料的领域扩展。

（2）低维材料的发展加快，特别是材料线度上的细微化产生的各种新效应已引起人们的极大兴趣。

（3）全新材料体系的不断涌现及发展，最具有吸引力的是金属间化合物的出现，尽管目前应用不到1%，但可以预料今后10年将会成为重要的新材料领域。

（4）信息材料走向多功能、集成化，超大规模集成电路的发展已带来了人类社会的新变革。

（5）各种特殊类型材料的持续发展，较为重要的有非平衡态（亚稳定）材料、高温超导材料、超晶格材料、梯度材料和智能材料。

对于许多技术含量高的产品而言，供应商提供设计技术支持也是一个重要的措施。做得比较好的如震旦办公家具、美时家具、威盛亚防火板、富美家防火板、埃特尼特佳秀板等企业，他们提供设计构造参与方案论证，或提供计算与配合，协同设计企业参与竞争。许多企业年年出新品还不辞辛苦送样上门，并作一些产品及设计理论的介绍，这使我们设计师受益匪浅。这种服务精神，即使设计师加快了对新产品、新材料、新技术的了解过程，又促进了营销，尤其是通过共同的努力，极大地推进了设计创新的进程，因此，把优秀的装饰材料与制造商的设计支持比喻为设计创新的助推器，是形象而贴切的。

随着家具生产的高速发展，采用进口木材和配件是一个必然现象。已经在进行的家具原材料进口，还会进一步扩大，逐渐会实现原材料全球采购。

家具企业的集团化进程也将促进原材料全球大采购的进行，集团化的大企业将有足够的财力、物力、人力在全球范围内采购质优价廉的家具材料。

随着中国加入WTO以后，越来越多的国外企业进入到中国市场，市场全球化、一体化推动国外厂商在国内市场的发展。

国际新型建材装饰材料大市场的建设，带动周边城市化建设，为地方建设城市增强了牵引力，并为地方经济建设增添了强大的后劲。

二、我国家具设计发展趋势

2005年的高端家居潮流将有更多的时尚元素照亮家居卖场，并将呈现出多元化的竞争态势，不可能出现某一类家具或颜色一统天下的局面。经营者更加尊重消费者个性化的需求，市场细分将更加清晰。

家具设计观念将呈不断更新的趋势：从世界家具工业发展状况来看，现代家具的设计正趋向于技术上先进、生产上可行、经济上合理、款式上美观、使用上安全等方面。

展望未来，家具业出现如下新潮流：

（1）家具的易搬动性大为提高，有些公司幽默地称之为"游牧式家具"（Nomad Furniture）。沉重坚实的橱柜、固定式的沙发已成历史，代之以模数系列的橱柜和布套沙发，稍加组合，就可适用于各种大小的房间。制造商热衷的是在各种建筑中使家具能最佳地配套，而对价格不菲的新款设计则比较冷淡。供应商满足用户的各种个性要求，甚至是很苛刻的要求。

（2）家具有更多的功能。例如扶手椅可以放平，让职员在办公室里也可以睡上一个舒服的午觉。在橱柜的每一个贮存空间里既可以放进录像机又可以放置影碟机。可移动的电脑台既能满足操作电脑时各种辅助器具的置放，甚至还是一张小吧台。过去要多件家具配合才能完善的功能现在可在单位件家具上做到，这对家具设计提出了更高的要求。

（3）在众多人的眼里，用高档阔叶木生产地板和家具，用各种人造板装配门框、壁板、面板，或者也用于家具，似乎是"理所当然"的组合，前者坚实耐用，深受消费者喜爱；后者加工方便、价格便宜又风格多样。客厅实木家具将会采用轻质的木材，并以样木为主，椒木、恺木、白蜡木和松木与坚硬的栎木搭配使用。棒木，产于我国南方，北方不知此名，而称此木为南榆。虽不属华贵木材，但造型及制作手法与黄花梨等硬木家具基本相同，具有相当的艺术价值和历史价值。高级家具仍用樱桃木制作，但果树木材如苹果木、梨木、李树也用得很多。对天然材料如藤的使用方式灵活多样，把藤劈开展平，做成各种图案装饰橱柜的立面。传统的乡村风格家具多为实木家具，一种是带有浮雕并有弧度的曲线造型，显示豪华气派；另一种款式反其道而行之，都是笔直的直线造型，再配上金属件和喷砂玻璃，既挺括闪亮又朦胧莫测。

（4）床垫、沙发这类软体家具注重节约空间，减少罩覆面，并可折叠，可加长加宽，可拆洗，使价格更实惠，使用更方便。同时，还强调功能的多样性和舒适性，例如一种"电视床"，可调节成座位，加上靠垫就成一只舒适的沙发。双人床各自的睡觉部分可分别调节，床垫的碳素纤维面电热半小时后可自动关掉。总之，这种类型的床垫能使在床上看电视的人有一种被搂抱的舒适感。床垫、沙发所用面料也是五彩缤纷，多取暖色调如肉桂色、淡黄色、赤褐色等，面料更以纹理变化、编织技巧或灯芯绒式波纹使其充满生气。

（5）桌、椅类也多采用轻质木材，餐桌多用棒木和椒木，涂饰多用清漆，以显露木材的纹理，并加配一些金属件以平衡质感。餐桌可灵活加长，例如有一种餐桌可从 1.8m 加长到 5.10m，能供 12 个人一起舒服用餐，餐桌底部暗藏桌腿，加长时可方便地放下，支撑桌面。

（6）现代家具是工业化生产方式与艺术相结合的产物。具有高科技含量的功能家具、环境家具、绿色家具、保健家具、防火家具已使家具的概念有了极大的延伸，如多功能电脑工作台、多媒体控制台、保健按摩床等，这些集造型、机械传动、电器电路于一体的家具就是所谓的机电一体化的家具。

为了增加功能和方便使用，在家具上应用各种机构甚至安装部分电器已逐渐普遍。随着计算机的普遍应用，特别是单片技术和小型机电装置的发展而逐渐进入人们的视野。目前，我国高等教育发展较快，各高校在硬件投入上力度较大，家具企业可以选择高校为推广机电一体化家具的突破口。金融系统也是全面推广机电一体化办公家具的重要空间。技术与艺术的完美结合使机电一体化家具的发展充满着生机和活力。

总之，家具的造型趋向天然、朴素、不虚加矫饰、线条简洁明快并极富个性。家具的功能趋向多样化、智能化，最大限度地满足人们的使用要求，家具的用料多元化，如：藤、大理石、铝、玻璃各种纺织面料、皮革等广泛、灵活地搭配使用，家具的色调也更丰富多彩。技术与艺术完满结合使家具的发展充满着生机和活力。

设计将向专业化方向发展。不断的大量引进国外的设计师，将对提高我国的整体设计水平有一定的促进作用。国外的设计师们通过他们不同的文化背景和生活经验，提出新的设计思想，熔合中国的传统文化，不断地将新材料、新技术用于产品设计，设计出原创的中国现代家具设计。设计将会逐渐从企业中分离开，由专业的设工作室来完成。

三、我国家具生产发展趋势

世界工业发达国家和地区从 20 世纪 70 年代起就已实现家具生产的高度机械化和自动化，如加拿大的出口家具 80% 是在自动线上加工的，德国基本上以高度机械化方式组织生产。对我国大型家具企业而言，规模营销运作实属不易，而家具市场必须是"产、供、销"一条龙，体现即需即供的现代消费特点。我国家具生产逐步摆脱了以往小作坊式的生产方式，迈向现代化规模，逐步与国际家具业接轨。

（一）工业生产现代化

随着我国家具的工业化批量生产，国家将加大对家具生产区域规划的合理布局，环境保护的规范要求，加上消费者对家具质量的要求越来越高，家具企业将发生很大的变化。现代化的厂房、现代化的设备将陆续出现。企业的环境将会得到很大的改观，空气质量也会变得较好，车间的污染也会降到最低限度。因此，家具企业要建立一个长期的规划，形成一种长期的、可持续发展的能量。目前，我国有些有识之士已经开始转向目标市场的优势的占有率。我国家具生产方式将呈现机械化、自动化和协作化的趋势。

（二）行业分工的专业化

随着我国家具行业的快速增长，市场的白热化，行业重新洗牌，必将淘汰一大批缺乏市场竞争力的企业。家具行业生产、市场的专业化是一个必然趋势。企业现有的"大而全，小而全"的初级工业生产方式，将会越来越阻碍这个行业的发展，专业化合作的现代化生产方式渐渐体现其优势性。专业分工的结果是使企业根据自己的技术条件确定自己的行业位置，发挥自己的企业优势。我们相信随着这个行业的发展壮大，在不远的将来就会被行业分工的专业化所代替。行业分工协作，建立家具科技工业园是提升家具企业竞争力的重要途径。企业也要引进和培养一批具有丰富的机电高科技知识的家具设计师和工艺师，要建立企业创新激励机制，增加必要的硬件投入，通过和高科技公司、机电企业联合、重组、优势互补，组建机电一体化家具企业，生产出科技含量高的产品。

（三）家具科技工业园化

技术是家具科技工业园的保证，科技工业园技术发展水平决定着科技工业园的竞争力和发展潜力，新技术、新设备、新材料的开发与应用都直接关系到科技工业园技术的发展方向与市场竞争力，关系到科技工业园文化发展的水平。因此，在科技工业园，要追求技术的领先性和超前性，抢占技术的前沿领域，要不断开发新的材料，材料的技术发展是家具设计发展的基础，是家具设计的创新之源。

四、我国家具材料多样化与家具市场多元化

我国家具销售市场近年的繁荣发展令人鼓舞，这是我国家具行业经过努力取得的，是计划经济向市场经济转化，进行市场竞争的结果。当前，我国家具企业逐步成熟，家具产品在不断进步，家具市场日趋完善，已经进入一个产品细分，市场细分，"商圈细分"的营销过程中。特别加入世界贸易组织后，先进家具营销理念不断形成，家具经营管理模式不断进步，家具经营投资的扩大，家具经销商队伍的形成等诸多因素，使家具市场的竞争更加激烈，不仅体现在产品质量、价格以及经营场馆的规模上，还将体现在资本运营和产品经销模式上。因此，随着家具行业的持续高速发展，家具市场会发生根本性的变化。由市场经营向产品经营转化，由生产企业自营向家具经销商经营转化。

（一）家具的"文化营销"成为 21 世纪家具市场的全新主题

纵观国际家具市场的发展历程，不难发现。随着人们收入的提高、居住环境的改善，对家具的需求日渐"苛刻"。在现代中国人特别是青年群体中，家具已不再是单纯具有使用价值，它还成了一种体现主人身份、个性、涵养、审美、品位的艺术品，从而越来越多的人逐渐放弃了传统的"摆设"或"保值"观念，家具的内涵成了文化的代言人。

（二）国内市场相对饱和将促进家具行业的整合

家具销售市场将逐步由无序走向有序，由不规范竞争走向规范竞争。

伴随着中国家具企业的重组与分化，以及行业的成熟和市场法制的健全，中国家具销售市场将改变目前"鱼龙混杂""诸侯混战"的局面。在"达尔文式"的企业竞争之后，规模经营和规范化的家具企业将逐步显示出它的综合优势，脱颖而出，并领导家具市场的潮流，抢占家具市场的制高点，新型的家具市场将按照新一轮的"游戏规则"由无序走向有序。

（三）外国家具商抢占国内市场

自今年 1 月 1 日起，我国对进口家具正式实行"零关税"，欧美家具制造商已趁此纷纷抢占国内家具高端市场，而同时东南亚国家的家具商也已开始争抢国内中低端家具市场份额。今年 1~8 月，广东口岸从欧盟进口家具 694 万美元，增长了 1.4 倍。从马来西亚、

菲律宾、印尼、越南等国家进口家具也分别增长了 1.4 倍、3.1 倍、37% 和 18%。由此可见，进口家具的快速增长使国内家具行业面临着愈来愈大的生存考验。

2005 年起国际家具行业有转向产业聚集的趋势，国内家具行业的发展正符合了这一点。目前中国的家具业仍处在 OEM 阶段，即是处于原样加工、订单加工阶段。降低成本是最重要的一个步骤，先把产业规模做起来，然后摆脱中间代理商，重视企业的营销。

未来的二三十年，中国家具行业将加大与国际同行的交流与合作，在世界家具舞台上将有更大的作为；而在未来的五年，中国的家具行业也将进入第二个发展高峰，实现质的飞跃。

第三节　新家具材料与现代家具

18 世纪的设计和新的生产材料不断出现，传统的设计已不能满足新时代的要求，人们以各自的方式探索新的设计道路。随着科学大发展，出现了各类新材料、新工艺，给家具设计带来了新的生命。更重要的是，随着工业化生产方式的出现及社会的富足和批量消费成为现实，商业得到很大的发展，设计成为工业过程劳动分工中的一个重要专业，并成为社会日常生活中的一项重要内容。家具材料的丰富多彩与设计的不断提高是密不可分的。

新材料不仅大大丰富了设计语汇，而且对传统的设计观念产生了极大的冲击。从现代的世界家具发展史中，我们可以发现材料对家具设计的影响更加突现。18 世纪欧洲工业以来，随着科学大发展，出现了各类新材料、新工艺，给家具设计带来了新的生命。此时，家具材料最大的突破是金属材料、塑料材料在家具行业的使用。

由于现代家具工业是在资本主义社会发生和发展起来的，因此，以欧美为主要线索，分析家具材料与设计的关系。

一、包豪斯的金属家具

自 18 世纪下半叶至 19 世纪下半叶，新旧设计思潮开始斗争，新的技术与功能不断促进设计的变化。自 1919 年兴起的"包豪斯"学派主张以直线和突破成规的构思去合理地使用各种材料，讲究构图的动态感和材料质感上的对比，是其在合理而富有数理性的造型概念中充满"动"与"视"的和谐统一。"包豪斯"是仅以材料本身的质感为装饰、强调直截了当的使用功能的设计理念。

1925 年，由马歇尔·布鲁尔（M. Breuer）领导的家具改革，开辟了家具设计新的一页。钢家具的出现：马歇尔·布鲁尔设计了世界上第一把钢管椅，他的设计受到了自行车扶手的启发，完全改变了椅子设计的传统结构和造型，具有明显的功能特点。在制造和材料的运用上具有革命性的变化，开放式造型反映了包豪斯设计空间处理的风格。钢管和帆布为材料，成功地设计制造出了世界第一张以标准件构成的钢管椅，首创了世界钢管椅的设计，由于钢管富有弹性，强度高，表面经处理后显露出的光泽从而使得产品造型更显得轻巧优美，华贵高雅，结实坚固，单纯紧凑，满足了良好的使用功能。帆布柔软透气，坐上去十分舒服。

瓦西里椅充分地表现了钢的坚硬与帆布柔软的结合，体现了美观服从于功能的要求，结合了天然特性以及精巧的结构这两者之间的相互关联的因素，体现出强烈的时代感和现代工业化生产特征，体现了现代材料的科学美这一设计理念。后来风行于世界，迄今仍在世界各地广泛流行。马歇尔·布鲁尔还是第一个采用电镀镍来装饰金属家具表面的设计家。它在材料和造型上的突破，以及对家具设计功能主义和理性主义特点的强调，使其成为现代家具设计的经典，并对现代家具设计具有革命性的启发作用。

二、国际式的家具

家具材料是家具设计中最具视觉效果的体现，各种不同色泽、质感、工艺处理的材料构成了家具文化中最生动的一笔。同样，家具的造型变化与发展和家具材料的应用与发展是相辅相成，相互影响、相互促进的。优秀的设计也能促进新材料的发展。

米斯·凡·德洛以"少就是多"的设计理念从事家具设计。推崇简朴是现代家具之魂。

1929年巴塞罗那世博会上米斯·凡·德洛展出了自己设计的"金属藤椅"。这一启示后来无数室内设计师的椅子又被称为"巴塞罗那椅"，是现代室内设计的经典之一。米斯·凡·德洛设计的可调的躺椅开发了铁扁管的美学品质，皮革的垫子和极简风格的框架结构使这种廉价的功能材料也体现出豪华的特点。这同样地说明了只有低劣的设计师，没有低劣的材料的观点，设计的价值正在于此。

所以获得优美的家具艺术效果，不在于多种贵重的材料的堆积，而在于材料合理的运用与材料质感的和谐体现，在造型设计中，只有正确地选材施以正确的工艺技巧，给予合理的功能，赋予美的点缀和装饰，才能获得真和美的效果，同样也说明，家具的设计变化与发展和家具材料的应用与发展是相辅相成，相互影响、相互促进的。

三、北欧风格的木家具

北欧家具永不赶时髦，它坚持它完美的结构和卓越的品质，并以此赢得人们的赞誉，这一切都要归功于北欧家具业在开发新材料和新工艺方面的不懈努力。这些质优物美的家具深受世人喜爱，北欧也因此成为世界上出口家具最多的地区。

丹麦著名的家具设计师克林特（K.Klint）说过：用正确的技巧去处理正确的材料，才能真正解决人类的需要，并获得真和美的效果。同时还明确地指出："将材料的特性发挥到最大的限度是任何完美设计的第一原则。"所以，对家具造型设计来说，必须根据使用功能来选择合适的材料，并利用材料的不同特性，把它们有机地组织在一起，使其各自的美感得以表现和深化。材料、工艺反映着时代特征，新的材料必然带来新的结构和新的产品形式，所以家具设计者必须擅于新材料的使用，熟悉各种材料的特征，从材料特性本身推出家具产品所需的结构和形式，能动地使用物质技术条件，给予功能特定的表现形式和艺术装饰，定会产生千姿百态的式样，形成特定的风格。

19 世纪家具设计最有名的例子是维也纳托耐特公司所生产的弯曲木家具，这是引入新技术的成果。托耐特的技术是革命性的，他创造性地使用传统材料，采用新的技术，创造出新的产品。他的家具中采用燕气压力弯曲成型的部件，并用螺钉进行装配，完全不用卯榫结构。托耐特家具的秘密不仅在于其创造性的成型方法，也在于逻辑地组织整个生产过程，不少产品中的零件是可以互换的，将新技术与新的美学统一起来，生产出价廉物美而又能为大多数人所用的家具。1836 年托耐特以层压板做成第一张椅，经过近十年的技术改革，终于从实践中摸索出一套制造曲木家具的生产技术。曲木家具有别于以往的传统家具设计，它开创了现代工业家具和设计的先河。

任何艺术变革都离不开新材料、新技术的出现。芬兰设计师阿尔瓦·阿尔图（Alvar Aalto）是举世公认的 20 世纪最多产的家具设计大师，阿图在家具设计上的突出贡献是对弯曲木家具的开拓。对于当时做家具的两种主要材料：重量轻、能弯曲的钢材和人情味浓的木材，阿图更是辩证地利用各自的优势，力图能使木材也能像钢材一样弯曲而被做成家具，因为让生活在一天只有 6 小时阳光，温度常在零下的芬兰人回家后坐在冷冰冰的钢管椅上是无法接受的，他继承了前辈托耐特在 19 世纪对模压胶合板和弯曲木的研究，在 20 世纪初改进了胶，使模压和胶合技术过了关，得到普及而进入市场，1931 年为维保市图书馆设计了使用方便，造型优美可堆叠的"小凳"，至今仍在生产使用。可亚小凳结构零件朴实、简洁，只有三只脚，一个凳面，适合大规模工业化生产。

阿尔瓦·阿尔图家具设计给我们的启示是：家具设计的创作构思与表现有赖于对材料的详尽了解，设计水平的体现往往取决于设计师对材料的了解程度和对材料的控制能力。所以要求设计师必须熟知材料的特性，了解材料的外在特性和内在特性。如材料的肌理、色彩、质地、强度、硬度、延伸性、收缩性、防潮、防锈、防腐、防虫及耐老化、氧化等特性。还要了解与之相应的加工技术，考虑材料特性即材质装饰、结构、理化性能的体现。各种材料都有其基本的性格，我们在应用这些材料之前，必须先了解其特性，这是设计的一个重要方面。不同的材料，其形状、纹理、色泽、质感等都蕴含着表达情感的设计语言，设计师要善于发现材料的潜质，敢于打破对材料固有认识的局限，发掘其内涵并赋予其全新的意义。面对有用的材料，我们要去把握它，面对没用的材料，我们应去尝试它，面对司空见惯的材料，我们可以将其打破重组，使之成为新材料，产生新设计。要善于发现材料之美，能自由地驾驭材料，想法将材料外在特性充分表现出来，将材料的内在特性充分利用起来是一个家具设计师的基本素养，也是设计出优秀家具产品的前提条件。阿尔瓦·阿尔图在 20 世纪 30 年代发明了热压成型的胶合板技术，设计多款经典椅子造型就利用了这门技术。

　　四五十年代以后，由于各种家具辅助材料—合成树脂的迅速发展以及高频胶合技术的应用，为家具提供了各种人造板和高性能的胶合弯曲材料。此外，新的合金冶炼技术和合成化学技术也为家具提供了各类轻质合金材料及高分子聚合材料，这一系列新型材料的问世，为家具造型设计开辟更加广阔的领域，对产品的设计也起了很大的变革作用，这种变革打破了人们对家具造型的传统概念，使以前不可能实现的造型变成可能。

　　塑料家具的出现：30年代，塑料模压、注塑成型方法得到广泛的应用，并由于较大的曲率半径有利于脱模成型，这就确定了塑料家具的设计特征。1955年，查尔斯·依姆斯和雷·依姆斯设计的塑料会议椅采用塑料一次成型，简单的部件适合大批量、标准化生产，功能性的设计充分考虑了坐的舒适感，上大下小的结构适合于搬运，可随便安装拆卸的记录板为使用提供方便。

　　芬兰设计师艾洛·阿尼奥（Eero Aarnio）成为自20世纪60年代以来奠定芬兰在国际设计领域领导地位的重要建筑师和家具设计师之一。也是在家具设计中使用塑料的先驱者之一，他令人兴奋的塑料创意设计，特别是球椅、香皂椅和泡沫椅，无论是当时还是现在，这些作品都被广为拍摄和宣传使用，并被赋予时代精神的特征，这些造型是其他天然材料无法实现的。

　　新材料的发现与运用，为家具设计的新颖多样性提供了物质基础，使家具造型多样性成为可能，对新材料的研究、开发，历来是家具新品种、新式样的源泉，每一种新材料的出现都产生了新的家具品种及不同的外观效果，设计师要善于利用新材料的研究成果，设计出与新材料相适应的新造型。当今新的材料层出不穷，新型材料的产生往往又能引起设计的根本革命。新材料的产生和应用，促进了家具设计的创新，以往认为不可能的造型设计如今往往可以通过新材料的应用得以实现。新型材料具有新的审美特征和结构特征，设计的新产品则体现了新的材料风格，随之带来新的审美理念。我们必须及时掌握材料的最新发展动态，为家具设计带来新的创意和应用。

四、中国现代的家具

　　20世纪50年代末到80年代初，中国的家具利用人造板的数量很少，那时的家具的台面（如写字面、桌面、小衣柜面）都是用实木拼合而成的，受到木材长度，木材质量以及加工条件的限制，不可能拼接成太大幅面的板材。家具为框式榫卯结构，柜子的旁板、柜门都是采用裁口或打槽装三合板或五合板的装板及嵌板结构。当时家具设计的造型较呆板、简朴。家具材料的单一制约了造型设计。

　　随着生产技术的发展，人造板大量涌现，除了胶合板中由三合板、五合板发展到多层板。此后又出现了细木工板，刨花板、中密度板等，厚度由3~30mm，幅面也由915mm×1830mm发展到了1200mm×2400mm不等，这些人造板的出现为家具设计的创新提供了必要的前提。产品创新是以材料的发展为基础，新的材料为家具设计创新之源。

家具材料的丰富多彩与设计的不断提高是密不可分的。

随着材料的不断发展和产量的不断提高，带来了家具设计的改革，由"打槽装板"的框式家具演变成为采用细木工板或刨花板、中密度板或双包胶合板等材料的板式家具。由单体家具变成组合或部件组合的家具，组合柜风靡中国各地，家具结构也由开榫打眼而发展到使用五金连接件。家具设计的改革使得加工方式也随之改变。一些与之相适应的板式家具设备及生产线也都应运而生。

改革开放初期，随着家庭收入的明显增多，中国传统古典家具在平常百姓眼中失去了魅力，被轻而易举地抛弃，代之以人造板材为主要材料的组合家具、沙发、弹簧软床等。这一次民间家具的更新换代以极高的速度完成，使中国传统家具在国内基本已没有了市场，而各种仿西式家具却悄然兴起，占据着中国广阔的家具市场。上海"席梦思"床垫风靡全国，成为弹簧软床的代名词。西式沙发家具悄然进入了千千万万的普通老百姓的家中。满足了市场、满足人类物质和精神生活的需要。弹簧等新的材料的使用产生了新的家具产品，新的产品又体现了新的材料，新的产品出现是以材料的发展为首要前提。

中国传统家具产生断层，随着改革开放的深入，中国经济迅速崛起，中国在世界中的地位日益提高，中国人看到了本民族的希望，重新建立起对中华文化的信心。各个领域展开了中国传统文化的研究，出现了中国传统文化思潮，人们就中国传统文化在 21 世纪的作用以及它在现代生活中的继承和发扬问题进行了探索。

传统古典家具全部以实木为原料，尤其偏爱硬木，这些材料中国当地没有，现在生产古典家具的厂家则是依赖进口。显然，以传统材料制造现代中国风格的家具很难具有广泛性，应大胆尝试新材料。

选用价格便宜、来源充足、唾手可得的材料要符合当代环保潮流。多使用人造板、小径木等。功能尺寸应结合现代人的使用习惯，开发中国风格的家具。尤其沙发、茶几、餐桌、餐椅，更要注意功能设计。如现在用作餐椅的仿明式椅子，座板总是要做出"攒边"结构，然后使用时，再在座板上放置一软垫。若直接设计成软座结构，既符合现代审美习惯、舒适方便，又可省工省料，降低成本。要改变中国传统家具的设计观念，必须从传统家具的框框束缚中跳出来，产品设计要结合当地的生产条件、技术水平，尽量实现机械化生产，将手工操作降低到最低点。因此，结构上无须沿用传统的结构方式。如：中国传统的椅搭脑和后腿接合采用的"烟袋锅"，内部常用直角榫接合，若改成圆棒榫接合，加工简单，力学强度又好，又可与现代生产方式接轨。装饰性将传统家具艺术中的一些手法和细节当作一种符号，以新的手法用到新产品的形态中去，可以使新产品与相去不远的文脉有机地结合起来。如：中国古典家具上常用的螭纹，利用尾部的分歧卷转，任何空间都能被它填布得圆满妥帖，利用螭纹。还可以方便地掩盖结构接缝，既可装饰美观，又可诉说古老的文化，传达传统文化内涵。利用雕刻机，就可以实现机械化加工，非常实用。实现古典家具的工业化。

面对有用的材料，我们要去把握它，面对没用的材料，我们应去尝试它，面对司空见惯的材料，我们可以将其打破重组，使之成为新材料，产生新设计。要善于发现材料之美，能自由地驾驭材料，想法将材料外在特性充分表现出来，将材料的内在特性充分利用起来是一个家具设计师的基本素养，也是设计出优秀家具产品的前提条件。

第三章　家具造型方法

第一节　家具的类型

随着科学技术的发展与社会的进步，每一个历史时期都产生出各种具有新的使用功能和审美价值的家具。特别是在现代社会，为了最大限度地满足人们的需求，创造出许多前所未有的家具新品种和新式样，帮助人们创建出更舒适、更美观、更科学、更赋予文化艺术品位的生活环境与工作环境。

现代家具的另一个特点是材料、结构、工艺技术的多样化及造型风格的多元化。从而导致家具品种繁多，形体千姿百态，使用功能不断增加，应用环境不断扩大。为此，家具分类相当复杂，至今仍难以将所有的家具进行详尽地分类。现按以下人们较为熟悉的方法进行分类。

一、按家具的年代分类

按家具的使用年代不同，可分为古典家具、近代家具、现代家具。即为家具的发展过程，也属《家具发展史》所研究的范畴。

（一）古典家具

古典家具又可分为国外古典家具与国内古典家具。

（1）国外古典家具

国外古典家具分为三个发展阶段，即奴隶社会的古代家具，封建社会的中世纪家具和文艺复兴时期的家具。

①古埃及家具

位于非洲东北部尼罗河下游的埃及，在公元前1500年前后的极盛时期，曾创造了灿烂的尼罗河流域的文化。当时的家具已具有相当的水平，取得了辉煌的成就。古代埃及家具文化艺术是表现埃及法老和宗教神灵的文化艺术，是表现君主和贵族等统治阶级生前死后均能享乐的文化艺术。家具作为特定历史的产物，其造型、装饰非常精致豪华，显示了作为"神"的化身—法老至高无上的神权和财富。常见的家具有桌椅、折凳、矮凳、矮椅、榻、柜子等，其中矮凳和矮椅是当时最常见的坐具。它们由四条方腿支撑，座面多采用木板或编草制成。椅背用窄木板拼接，用竹钉与座面成直角接合。

高级座椅的四腿大多采用动物腿型，显得粗壮有力。脚部为狮爪或牛蹄状，底部再接以高木块，使兽脚不直接与地面接触，更具装饰效果。四条腿的方位形状和动物走路姿态一样，作同一方向平行并列布置，形成了古埃及家具造型的一大特征。

在彩色和纹样装饰上，多用油漆，并有各种动植物图案和几何图案，以红、蓝、绿、棕、黑、白色为主，并有各种镶嵌。榫接合技术和雕刻加工技术已相当成熟。

②古西亚家具

主要是位于底格里斯河和幼发拉底河流域的古地亚、巴比伦家具。古代西亚文化艺术与古代埃及文化艺术几乎是同时产生的，都是人类文明的发祥地之一。古代西亚家具自然简朴、精雕细刻、旋木装饰的艺术风格，是各部族交替、融合的西亚文化艺术。古西亚与古埃及的东方文化艺术对欧洲诸国的家具文化的影响都极为深刻。家具多以木材为主要原料，材料有橄榄木、棕榈木、藤材、椰枣木、无花果木等。在这个时期所产生的镶嵌艺术、浮雕艺术、旋木艺术以及所制造的许多柱式、铭文等，都为后期的古希腊、古罗马、文艺复兴、巴洛克、洛可可乃至新古典等时期家具的文化艺术、装饰方法、工艺发掘等提供了扎实而确定的重要因素。

③古希腊家具

公元前 6 世纪的希腊家具与同时期的埃及家具一样，都采用严格的长方形结构，同样具有狮爪或牛蹄状的腿、平直的椅背、椅座等。到公元前 5 世纪的希腊家具开始呈现出新的造型趋势，嵌木技术的出现推进了家具艺术的发展，充分显示出希腊人"唯理主义"的审美观念。这时期的椅坐形式已经变得更加自由活泼，椅背不是僵直的，而是由优美的曲线构成。椅腿变成具有旋木曲线的风格。方便自由的活动坐垫，使人坐得更加舒适。希腊家具的最大功绩就是创造了优美单纯的形式。

④古罗马家具

古代罗马国家的中心地区是意大利，其地理范围包括意大利半岛及南端的西西里岛，罗马城则位于意大利半岛中部。古罗马帝国拥有巨大的财富，由此产生的家具必然带有奢华的风格。当时的木家具今已无存，但铜家具幸获保存。尽管在造型上与古希腊家具有相似之处，但具有凝重的罗马风格特征。当时的家具有单人椅、双人椅、靠背椅、折叠凳、长凳、坐榻、床和桌等。

（2）中世纪家具

中世纪是指公元 5~16 世纪，也是古罗马帝国的衰亡到文艺复兴兴起之前的这段时期。中世纪的欧洲先后出现了拜占庭家具和哥特式家具。

①拜占庭家具（公元 328~1005 年）

拜占庭家具没有实物保留下来，我们对拜占庭家具的了解，只能从一些史料记载和传记中知道。拜占庭家具继承了罗马家具的形式，又融合了埃及、西亚风格，并掺和了波斯的细部装饰，以雕刻和镶嵌最为多见，有的则是通体施以浅雕。装饰手法常模仿罗马建筑上的拱卷形式。无论旋木或镶嵌，装饰节奏感很强。镶嵌常用象牙和金银，偶尔也有宝石等。凳椅都置厚软的坐垫和长型靠枕。装饰纹样以叶饰和象征基督教的十字架、圆环、花冠以及狮、马等纹样结合为基本特征，也常用东方几何纹样。

②仿罗马式家具（公元 10~13 世纪）

自罗马帝国衰亡以后，欧洲经济发生了较大的变化。意大利人将罗马文化与民间艺术糅和在一起，形成独特的"罗马风"，也成为 10~13 世纪在欧洲颇为流行的一种艺术风格，即称为仿罗马式。其主要特征式模仿建筑的拱卷，最突出的是旋木技术的运用。有全部用旋木制作的扶手椅，橱柜顶端用两坡尖顶的形式，有的表面附加铁皮和铆钉，镶板上用浮雕及线雕。装饰题材有：几何纹、编织纹、卷草纹、十字架、基督、圣徒、天使、狮等。

③哥特式家具（公元 12~16 世纪）

罗马风格家具的进一步发展，便是 12~16 世纪以法国为代表的哥特式家具。与当时哥特式建筑风格一致，反映教会精神。家具模仿建筑上的某些特征，如采用尖顶、尖拱、细柱垂饰、线雕、透雕的镶板装饰，以华丽、俊俏、高耸的视觉印象，营造出一种严肃、神秘的宗教气氛。哥特式家具通常采用的木材有橡木、栗木、胡桃木等。哥特式家具艺术风格还在于精致的雕刻装饰，几乎家具每一处平面空间都被有规律地划成矩形，矩形内布满了藤萝、花叶、根茎和几何图案的浮雕，这些纹样大多具有基督教的象征意义。到了晚期，哥特式家具将雕刻、绘画及镀金技术结合在一起。各个国家文化背景的不同，使得哥特式家具的差别也很大，其中以法国的家具在比例上、装饰上最为优美，而且各部件之间配合也很协调。

④文艺复兴时期的家具

14~16 世纪，掀起了以意大利为中心的如醉如狂的研究学习古典文化遗产的热潮，使意大利也出现了前所未有的艺术繁荣。这一繁荣，就是"文艺复兴运动"。意大利是文艺复兴家具的发源地。这种家具的主要特征是：造型厚重庄严，线条粗犷。家具多呈直线的造型形式，采用古代建筑式样的柱、门廊、山形沿帽、旋涡花饰，家具以成套的形式出现于室内。同时还出现了箱形长榻，为后来的"沙发"提供了雏形。当时的家具，十分讲究华丽的装饰，尤其喜欢在家具上饰以浮雕，并在浮雕上贴金或作彩绘，工艺也十分精巧细致。当时欧洲各地，特别是法国和意大利文艺复兴时的家具，在家具中充分体现了强烈的民族和地方特色，在装饰上出现了许多女神像柱、半露柱及各种花饰和人物浮雕。座椅上还出现了天鹅绒或皮革包面的垫子等。

⑤巴洛克时期家具（也称路易十四式）

到 17 世纪，巴洛克风靡整个欧洲，这一时期的家具突破以往端庄风格，是典型的巴洛克式家具。这一时期的建筑风格是以浪漫主义精神为形式设计的基础，室内装饰出现的是大量的堆砌和雕像等，追求豪华的感观。家具也和室内装饰相结合，装饰得十分富丽堂皇。如有的家具上满是木制彩色马赛克，或带有绳纹、旋涡纹，甚至描绘舞台场景等的装饰图案或贴满金箔，形成金碧辉煌的效果，而且这一时期的家具还受到中国传统装饰的影响。在运用直线的同时，也强调线形流动变化的造型特点，以线条的曲折多变和装饰的自由开放、构成华美、厚重的效果。但在设计思想上巴洛克家具更主张以人性作为设计原则，更注重生活需要，以曲折多变、自由奔放的线条突破了以往古典风格的端庄、沉闷，在视觉效果上更为华贵，而功能使用上更舒适。到了英国的安娜女王时期（1702~1114年），巴洛克家具的发展达到一个高峰，成为世界闻名的安娜女王式。安娜女王式家具最大的特征就是一种受中国家具影响而形成的弯腿造型。

⑥洛可可式家具（也称路易十五式）

继巴洛克样式之后，追求华贵装饰的洛可可式家具，开始在欧洲流行。"洛可可"一词来自法国宫廷园林中用贝壳、岩石制作的假山"济卡优"，被意大利人误叫成"洛可可"而流行外传。与巴洛克所具有的厚重感不同的是，洛可可式家具是以方便见长，因此尺度较小，其形式上的最大特点是回旋曲折轻快的线条造型和精细纤巧的雕饰华贵的造型而著称。其最大的优点便是将巴洛克的家具进一步发展，将优美的造型与尽可能舒适的使用功能完美结合。但其形式比巴洛克式更为富丽华贵，具行宫廷贵族风格。

洛可可家具喜欢在扶手椅和沙发椅上设置坐垫，并用具有田园风景的丝织品或带有花卉图案的织物制作而成。这一时期家具的装饰艺术也受到中国的影响，还可见到仿中国山水画的装饰画而出现在柜门上。洛可可时期的英国，出现了一位杰出的家具设计师—托马斯•齐彭代尔，他的设计推动了英国新式家具的发展，使英国的乔治王统治时期成为英国家具设计最为辉煌的时期。齐彭代尔设计的家具，比例恰当，造型优美，制作精细，基本上是借鉴洛可可家具风格与中国家具艺术，并吸收了当地民间家具的精华。齐彭代尔式家具创造出了辉煌的成就，不仅得到英国的公认，也受到世界其他国家的认同。他设计的"齐彭代尔式"椅子，形象特殊，并成为第一个由设计师名字命名的家具式样。

⑦新古典主义家具

洛可可风格几乎统治了整整一个世纪，到了18世纪后期，才出现了一种新的艺术风格—新古典主义风格，在法国也称为路易十六式风格。其艺术特点是线条清晰，造型严谨，装饰上更趋向于简洁、单纯。

新古典主义者认为，洛可可与巴洛克式家具滥用曲线，完全违背了古典主义的理性原则。因此，新古典主义的设计原则是采用垂直与水平线条进行组合，完全抛弃了洛可可时期的曲线造型和精细的装饰。形式也多以朴素的四方形为主，即使采用曲线，也是较为规整的曲线，而非自由多变的曲线形式，其造型多带打建筑的特征，家具的腿也采用向下逐渐缩小，即上大下小的圆锥柱或方锥柱，而且上山还常刻有槽纹，整个家具显示出一种力量的美感。

⑧帝政式家具

帝政式家具是法国大革命后，拿破仑执政时期的家具风格，其特点是将古希腊、古罗马时代的建筑造型，用于家具装饰。如家具上的圆柱、方杜、檐口、神像、狮身人像、狮爪形等装饰构件，以其粗重刻板的造型及线条来显示其宏伟及庄严。其意义是表现军人的气质及炫耀战功，并充分体现出王权的力量。

（二）中国古典家具

中国古典家具的历史，可以追溯到距今约 5600 年前，其历史悠久，自成体系，具有强烈的民族风格。它的发展历史，是随人们生活习惯和生产力的发展而变化的。无论是商周时期的笨拙神秘型家具、春秋战国秦汉时期的浪漫神奇矮型家具、魏晋南北朝时期的婉雅秀逸渐高型家具、隋唐五代时期的华丽润妍岛低型家具、宋元时期的简洁隽秀高型家具，还是古雅精美的明式家具、雍容华贵的清式家具，都以其富有美感的永恒魅力吸引着中外万千人士的钟爱和追求。

由于受民族特点、风俗习惯、地理气候、制作技巧等的影响，中国古代传统家具走着与西方家具迥然不同的道路，形成一种工艺精湛、不轻易装饰、耐人寻味的东方家具体系，在世界家具发展史上独树一帜，具有东方艺术风格特点，深深地影响着世界家具及室内装饰的发展。

（1）夏商西周时期的家具

夏商时期家具乃是我国古代家具的初始时期，其特点是造型古朴，用料粗壮，结构简洁。这一时期家有青铜家具、石材家具和漆木镶嵌家具。漆木镶嵌蚌壳装饰，开后世漆木螺壳镶嵌家具之先河。由于当时人们思想意识中存在着浓厚的鬼神观念，所以商代家具装饰纹样往往有一种庄重、威严、凶猛之感。

（2）春秋战国时期家具

从战国到三国，人们习惯席地而坐，几、案、衣架和睡眠的床都很矮。而战国时代的大床，周围绕以栏杆最为特殊。几的形状不止一种，有些几涂红漆和黑漆，其上描绘各种图案纹样，也偶有在家具表面上施以浮雕。

春秋战国时期家具，以楚式漆木家具为典型代表，形成我国漆木家具体系的主要源头。楚式家具品种繁多，如各式的楚国俎、精美绝伦的楚式漆案漆几、具有特色的楚式小座屏，是迄今为止最古老的床。楚式家具有绚丽无比的色彩，浪漫神奇的图案，以龙、凤、云、鸟纹为主题，充满着浓厚的巫术观念。楚式家具作为一种工艺美术的早期形式，其简练的造型对后世家具影响深远。

（3）秦汉时期的家具

汉朝时期，中国封建社会进入到第一个鼎盛时期，整个汉朝家具工艺有了长足地发展。汉代漆木家具杰出的装饰，使得汉代漆木家具光亮照人，精美绝伦。汉代家具在低型家具大发展条件下，出现了坐榻、坐凳、框架式柜等一些新的类型。此外，还有各种玉制家具、竹制家具和陶质家具等，并形成了供席地起居完整组合形式的家具系列。可视为中国低矮型家具的代表时期。高型家具出现萌芽，漆饰继承了商周，同时又有很大发展，创造了不少新工艺、新做法。

汉朝的案已逐步加宽加长，或重叠一、二层案供陈放器物，食案有方形、圆形。还有柜类和箱类家具。床的用途到汉代扩大到日常起居与接见宾客，不过这种床较小，称为榻，通常只坐一人。但有时也出现充满室内的大床，床上放置茶几，床的后面和侧面立有屏风，还有在屏风上装架子悬挂器物，长者、尊者则在榻上施帐。

（4）三国两晋时期的家具

中国古代家具形式变化，主要围绕席地而坐和垂足而坐两种方式的变化而变化，出现了低型和高型两大家具系列。而三国、两晋、南北朝时期，在中国古代家具发展史上是一个重要的过渡时期：上承两汉，下启隋唐。这个时期佛教的流行，对家具影响很大，虽然席地而坐的习惯仍然未改，低型家具继续完善和发展，如睡眠的床已增高，上部加床顶，周边施以可拆卸的矮屏。起居用的床榻加高加大，下部以壸门作装饰，可以坐在床上，也可以垂足坐于床边。这个时期胡床等高型家具从少数民族地区传入，并与中原家具融合，使得部分地区出现了渐高家具：各种形式的椅子、方凳、圆凳、束腰形圆凳等高坐具开始渐露头角。卧类家具亦渐渐变高。这些家具对当时人们的起居习惯与室内空间处理产生了一定影响，为以后逐步废止席地而坐打下了基础。但从总体上来说，低矮家具仍占主导地位。

（5）隋唐、五代时期家具

隋唐时期是中国封建社会鼎盛时期，当时经济发展，社会财力雄厚，建造了许多华丽宅第和园林。人们生活上席地而坐与使用床棚的习惯仍然广泛存在，但垂足而坐的生活方式从上层阶级起逐步普及全国。家具制作在继承和吸引过去和外来文化艺术营养的基础上，进入另一个新的历史阶段。唐代家具在工艺制作上和装饰意匠上追求清新自由的格调。从而使得唐代家具制作的艺术风格，摆脱了商周、汉、六朝以来的古拙特色，取而代之是华丽润妍、丰满端庄的风格。

五代时期家具工艺风格在继承唐代家具风格的基础上，不断向前发展。这时期家具是高低家具共存，向高型家具普及的一个特定过渡时期。家具功能区别日趋明显；一改大唐家具圆润富丽的风格而趋于简朴。

（6）宋、辽、金、元时期家具

宋代，高型家具已经普及到一般家庭，如高足床、高几、巾架等高型家具；同时，产生许多新品种，如太师椅、抽屉厨等。家具造型和结构，出现了一些突出的变化。首先是梁柱式的框架结构，代替了隋唐时期沿用的箱形壸门结构；其次是，大量应用装饰性的成型面（俗称线型、线脚）丰富了家具造型。桌、椅腿部的断面除了原有方、圆形外，往往做成马蹄形。桌面下开始用束腰、袅混曲线等方法进行装饰。宋代家具简洁工整、隽秀文雅，各种家具都以朴质的造型取胜，很少有繁褥的装饰，最多是局部画龙点睛，如用装饰线脚，对家具脚部稍加点缀，但缺乏雄伟的气概。

元代是我国蒙古族建立的封建政权。由于蒙古族崇尚武力，追求豪华享受，反映在家具造型上，是形体厚重粗大，雕饰繁褥华丽，具有雄伟、豪放、华美的艺术风格。而且风格迥异，床榻尺寸较大，坐具多为马蹄足等。

（7）明代时期的家具

进入明代，中国传统家具已十分成熟，这是由于当时商品的产量急剧增加，生产技术迅速发展，使明代家具无论从使用功能、艺术造型，还是制作工艺上，都达到了我国家具发展的较高水平。这时的家具已不仅是生活用品，品种也十分齐全，遗留至今的主要有各种椅凳、几案、橱柜、床榻、台架等。归纳起来，明代家具较为突出的成就在以下几方面：

①结构合理，用材考究。明代家具基本上沿用了古代木建筑的结构，受力合理，符合当今力学原理。连接构造巧妙地使用各种榫接合，不用钉、胶，而达到严密牢固的要求，足见其工艺之精湛。明代家具的选材较为讲究，一般多为硬质木材，如花梨木、酸枝木、紫檀木、胡桃木等名贵木材，色泽深沉，纹理美观，显示出自然、朴实、高雅之美。

②造型简洁、大方，比例匀称。明代家具造型上的最大特点是简洁而又富有变化，曲线流畅舒展，十分优美。在家具上不滥加装饰件，其装饰件均是具有一定功能的构件，偶尔饰以雕刻者，也只是小面积运用，且雕刻技术水平较高。并且注重雕饰与结构的一致性，绝不会为了雕饰而损害结构的合理性。

③采用蜡饰工艺，渲染木材的天然美。明代家具的艺术造诣，在较大程度上，注重木材质感与纹理的天然美。如名贵木材家具表面一般不用油漆涂饰，而多采用蜂蜡进行涂饰。其方法是将家具打磨光滑之后，先罩一层底色，使家具整体色泽一致，然后擦以蜂蜡，仪蛆质浸入木材内部，以使家具表面十分光滑，更清晰地显示出木材质感与纹理的自然美，蜡饰是宋代家具工匠十分娴熟的一项技艺。

④功能合理，基本符合当今人体工程学的原理。明代家具不仅种类很多，而且功能都十分合理。其尺寸、造型的设计，即使用今天的科学水平来衡量，也基本符合科学原理。如椅子靠背的曲线形式基本跟人体脊柱曲线相吻合；靠背跟座面的背斜角适当，接近100度。这些设计与当今的人体工程学的原理基本符合，因而人坐着十分舒适。而在此前的各代及明代之后的清代，椅子靠背是平直的，椅背的背斜角为90度，人坐着不舒适，易疲劳。这在中、外家具史上是一个伟大的创举。与此同时，在家具的一些细部做工上，尤其是与人体接触的部位，都处理得十分圆润、光滑，使人感觉舒适、悦目。

（8）明代家具

明代家具的主要类型可分为以下几种：

①椅凳类为宴坐休息之用。

有机、交机、方凳、长方凳、条凳、梅花凳、官帽椅、灯挂椅、交椅、圈椅、鼓墩、瓜墩等。

②几案类为陈列物品之用。

有琴几、条几、炕几、方几、香几、茶几、书案、条案、平头案、翘头案、架几案、方桌、八仙桌、月牙桌、三屉桌等。

明式家具是中国古典家具发展史上的辉煌时期。中国古代家具经历了数千年的发展，至明朝为大盛期，其中硬木家具最为世人所推崇和欣赏。明式家具用材讲究、古朴雅致。

选用坚硬细腻、强度高、色泽纹理美的硬质木材，以蜡涂饰清晰地表现天然纹理和色泽，浸润着明代文人追求古朴雅致的审美趣味。明式家具作为民族的精粹在我国古代家具史占有崇高的地位。从此，我国传统民族家具进入了一个前所未有的以"硬木家具为代表的新纪元"。

（9）清代时期的家具

从17世纪中叶开始，经济由恢复进入繁荣和发展阶段，出现康熙、雍正、乾隆三代盛世。手工业、商业获得了空前发展，商业、民宅、园林等建筑大量兴起，给家具生产提供了物质基础和广泛应用场所。如果说明代家具是以简洁清雅为见长，则清代家具更注重的是局部的装饰，尤其是宫廷家具。虽然在造型和结构上继承了明代家具的特点，但在装饰上喜爱繁复而华丽的花纹，有镂空雕、漆雕、填漆等，以及采用石料如大理石，甚至玉石、瓷、骨、珐琅、贝壳等镶嵌在家具上作为细部的装饰。又由于经济的繁荣，还形成了不同地区的家具风格，如京式、苏式、广式等，各具特色。清代家具的风格特点可归纳如下。

①构件断面大，整体造型稳重，气势雄伟，富丽堂皇与当时的民族特点、政治色彩、生活习惯、室内陈设十分匹配，使其体量关系及其气派与宫廷、府第、官邸的环境气氛相辉映，显得十分雄伟而壮观。

②运用各种工艺美术的技艺使家具装饰有别于明代风格，清代家具装饰技艺高超精湛，达到了封建时期的高峰。其形式、用料多样，装饰题材内容丰富，动用了工艺美术一切装饰手法，集历代装饰精华于家具，表现十分丰富。常用的装饰手法有雕刻、镶嵌、描金、堆漆、剔犀、镶金等。

③清式家具在继承传统家具制作技术的过程中，还吸收了外来文化，形成了鲜明的时代风格，传教士和商人带入中国的西方家具，如禅椅、供桌、经柜以及一些生活用家具，对中国家具工匠的制作与设计产生了很大的影响。经过工匠的仿制与改进，而逐渐演变成中国传统家具行列中的新品种。

（三）近代家具

自1840年我国鸦片战争后，西方各种风格流派的家具及家具机器生产技术（尤其是旋木技术）传入国内，使我国家具生产，逐步采用西方家具的装饰技法，如用拱形线脚、螺纹及蛋形纹样装饰家具。在功能使用上带来了新型大衣柜、梳妆台、穿衣镜等新品种。特别是以机器代替部分手工作业，融合传统的工艺和技巧，使中西结合形式的家具得到迅速发展。将外来的造型要素与国内传统的精雕细刻、镶嵌装饰技艺相结合，创造出许多式样新颖，风格各异的中国"西式家具，或是洋气十足的中国家具"。与此同时，保持传统与接受西化的思潮，变成两种极端的对峙局面，使传统的硬木家具相应得到发展，制作技术更加精细，类型增加了，功能更完善。如20世纪20年代的红木家具，除国内需求外，还远销日本、东南亚和欧美国家。1921年上海制作的一套会客厅家具在德国莱比锡国际博览会上获得了艺术奖，引起了世界的注目。

（四）现代家具

（1）前期现代家具

第一次世界大战结束以及工业革命的深入，欧洲的家庭结构也随着变化，过去贵族的大家族、大家庭代之以小型化、简单化的家庭结构，家务劳动都由主人自己动手。因而过去那种为少数人服务、价格昂贵的家具不再受欢迎，市场需要的是简单实用、为中产阶级能承受得起的经济型家具。20世纪20~30年代，现代主义者的家具设计是追求纯线条型和几何造型，以便于批量生产。家具完全靠造型表达，无须任何装饰。最值得一提的是，现代主义创造的一些经典设计作品在以后的约70年当中仍在生产。包豪斯是这个年代的典范，它于1919年由沃尔特·格罗皮乌斯创办。这所德国学校是一所现代设计与技术的学校，旨在推出纯净、简洁的设计，能适合所有人。在这个时期，还有一名著名的法国设计师勒·柯布西耶，他将建筑作为住宅的器械这一个概念出发，把家具作为建筑的设施因素来处理，即所谓的"生活机器的部分"。他在1928年创作的"大安逸"椅，即立体式紧压扶手椅，大量采用了当时新式材料—海绵来制作。

（2）二次世界大战以后的现代家具

20世纪40年代，即第二次世界大战爆发后，引起了一系列的物资短缺问题，各个国家都开始着手制定一些相应的法律制度，寻求更多设计的新形式去适应工业时代的需要。随着科学技术的突飞猛进，新材料、新技术、新工艺不断出现，也同时为现代家具的发展奠定了物质基础。当时，由于包豪斯的功能主义与现实主义设计理论，冲破了陈腐的传统设计思想，功能化的标准指导了整个欧美地区。因此，良好的社会气氛造就了良好的设计，并使工艺进入工业系统，体现着现代家具的兴起。战后主要的家具设计与生产中心是斯堪的纳维亚半岛、美国和意大利。

以功能主义为内涵的"美国风格"，在世界性的共同需要之下，进一步发展成为"美国国际风格或"国际风格"。丹麦、瑞典、挪威和芬兰四国位于欧洲北部，主要领土以斯堪的纳维亚半岛为主，故称为斯堪的纳维亚国家。他们以纯粹的农民家具作为基础，将人类的需要和艺术结合在一起，使之发展成为一种具有特殊个性的现代家具风格。

（3）波普现代家具

在20世纪50年代，室内设计乃至家具设计受到一种新型的大众文化的冲击和影响。这种文化是消费文化的一种现象，也是更为人文化的设计文化。它倡导的是"大众的、短暂的、消费的、低价的、批量生产的、年轻的、诙谐的、性感的、风趣的、有魅力的及大量交易的"艺术。这种新型的大众文化便是"波普艺术"，是一种新型的大众文化。在这种文化艺术指导下所创造出来的家具称为"波普家具"。波普艺术"短暂的、可变的"设计指导思想，在家具设计中最具体的表现便是英国设计师彼得·墨多齐设计的纸板椅。这种只有三五个月寿命的座椅，被赋予光亮的、带小圆点图案的花纸贴面，使家具变得像时装一样容易更换。

波普家具的设计也多是源于生活的素材，如喜欢将沙发做成手掌形、嘴唇形，甚至鞋子形状。用充气结构来代替家具的支撑结构，也充分反映了波普艺术反对传统文化的设计思想。正像所有现代设计的作品一样，波普家具也是十分注重材料的运用及制作的技术水平，光亮的材料是它所追求的目标。总之，波普艺术成功地将高层次的艺术与通俗文化结合在一起，并对室内设计与家具设计产生了较大的影响，其设计作品都是具有使用价值的消费品，并且是以轻便、自然、风趣、留有现代魅力的形式表达出来的。

（4）曼菲斯家具

在20世纪80年代初，由于对装饰主义的重新肯定，在意大利成立了曼菲斯国际前卫设计集团。他们反对冷峻、单调、缺乏色彩和装饰的现代主义，追求一种自由开放的设计方式。它抛弃了沉重的现代设计、历史和传统，而以完全不同于传统方式的强烈、明快甚至带有几分喜剧色彩的形象出现在人们面前，并成为20世纪80年代影响西方设计和消费业的主要潮流之一。曼菲斯设计从西方波普艺术中吸取养分，致力于样式和色彩的不寻常组合，寻找的是一种随机的不可测的设计思想，即注重偶然性和随机性的探索和表现。努力发掘材料和色彩的表现力，勇于向固有的设计观念挑战。如在构图上常常打破传统的水平垂直线条，采用自由曲线或曲直线，产生新奇的效果。在色彩上也喜欢对室内环境、家具、陈设品等进行全部协调处理，且常常产生明快、丰富的色彩效果，有时甚至带有舞台布景的效果。他们认为色彩是产品传递信息的重要语言。曼菲斯十分重视装饰，它不同于功能主义的"装饰就是罪恶"的论点，而把装饰看作是产品品质的表现。曼菲斯装饰一般是抽象的图像，它往往布满产品的所有表面，使产品结构显示出活跃和动感。

正是对工业和消费的参与及利用，使得曼菲斯的装饰和符号系列得到推广和发展。但是由于曼菲斯的设计过于强调艺术效果，使它忽略了家具的使用功能，而且大量作品均需手工制作完成，因此它的设计不可能得到长久的流行与发展。但它所创造的表面装饰符号系统以及它的设计思想，却对世界范围的家具设计、室内设计以及其他设计领域，产生了广泛的而深刻的影响。

（5）西方现代家具设计中的中国风

由于种种原因，虽然中国古代家具对西方现代家具设计产生了十分重要的影响，但它对现代家具设计的地位和作用却一直未受到重视。事实上，许多著名的家具设计师的设计思想和作品中，都表现出对中国文化和中国古代家具的浓厚兴趣，以致他们的作品折射出中国家具的风格。著名家具设计师齐彭代尔在1754年出版的著名的《绅士与家具木工指南》一书中，将中国家具风格列为当时三大主要设计风格（即中国式、哥特式和洛可可式）之一。

18世纪中叶，中国风格对英国的室内装饰及家具设计产生了重要影响，这一影响表现在家具细部从墙纸等处采用中国式的风景、人物、花鸟等图案。

经过漫长的历史发展，中国古代家具作为一个完整的体系，越来越受到世界的瞩目。中国风格的家具讲求功能性、自然真实，尤其是宋式和明式家具，没有复杂的装饰、造型简洁、曲线圆润流畅、具有丰富的表现力，制作工艺也十分精良，并且对人体舒适度高度重视，可以说中国古代家具中蕴涵了先进的设计思想和现代观念。对这一点，国外许多有名的家具设计师与建筑师都认识到了，如莱特、米斯·凡德罗、麦金托什、布劳耶、阿尔瓦·阿尔托、里特维德、汉斯瓦格纳等。在他们看来，中国明式家具那看似简单的形式中饱含着复杂的理念，具有理性的设计思想。

（6）中国现代家具

新中国成立后，家具艺术有了更大的发展，形式上更加丰富多彩，在首都人民大会堂几十个大厅里陈设着中国不同民族、不同地区形式各异的家具。北京厅的家具继承了明式家具的特点，并与现代生活要求融合成一体。安徽厅的家具采用江淮一带民间家具的造型手法，巧妙地运用了细圆木支架结构，使沉重的沙发变成灵活轻巧而又不失朴实的特色。这种类型的家具既有传统的民族特色，也有时代的特征，创造了符合现代生活要求和审美要求的新风格，使新中国家具艺术更前进一步。但民用家具多注重使用功能，故式样变化较少。改革开放后，先进国家的家具涌入国内，带来世界各地的新式样和现代功能要求的新类型家具，国内争相仿制，满足了现代生活的各种功能要求，形成东西方各种式样并存的多样化局面。随着家具业的发展将会形成中国现代家具风格，创造出合乎时代需求的生活环境。

二、按家具的基本功能分类

按家具的基本应用功能，可将家具分为支承式家具、贮藏式家具两大类。

（一）支承式家具

支承式家具又可分为两类：一类是专供人坐、卧、躺的椅、凳、沙发、床榻类家具，亦称为"人体家具"；另一类是指几、台、桌、案类家具，可供人伏案学习、工作、用餐，也可用于摆放或贮藏其他物品。相对"人体家具"而言，又将这类家具称为"准人体家具"。

（二）贮藏式家具

贮藏式家具是指用于贮藏食品、衣服、被褥、器具、书籍、商品、装饰品等物件的柜类家具。贮藏式家具主要是处理被贮藏物品之间的关系，好似人的胸腹腔有序地贮藏着五脏六腑，故亦有同体式家具之称。同时，也要方便使用者存取物品。用于陈列书籍、商品、装饰品等物件的柜类家具，现多为玻璃家具或玻璃门家具。由于此类家具连同被陈列的物品，对室内有较好的装饰作用，故亦有装饰类家具之称。

（三）按家具的基本品种分类

家具基本品种，指在区分家具基本结构基础之上，按照满足人们的使用需求与使用场所的不同，而对家具进行的分类。

（1）椅凳类家具系指各种式样、各种规格的椅子、凳子与沙发。

（2）柜类家具系指各种式样、规格的衣柜、被柜、鞋柜、食品柜、书柜、文件柜、陈列柜、电视柜、酒吧柜、杂品柜等柜类家具。柜的俗称为橱，如将衣柜称为衣橱。

（3）几桌类家具系指各式各样的茶几、花几、餐桌、书桌、炕桌、电脑桌、电视桌、台球桌、会议桌、实验台、琴台、神案（用于摆祭品的桌台）等几、案、台、桌类家具。

（4）床类家具床的式样规格亦较多，有单人床、双人床、单层床、双层床、架子床、高低屏床、折叠床、多功能床，儿童床、软垫床，医疗床、健身床等。古代将床称为榻，后来将狭长而较矮的床叫作榻，如竹榻、藤榻、沙发榻等，坐、卧两用，十分便利。

（四）按家具的使用功能数目分类

（1）单用家具权满足一种使用功能的专用家具，如餐桌、餐凳、写字台。

（2）两用家具能满足两种不同使用功能的家具，如梳妆、写字两用台，坐、卧两用沙发，书柜，写字两用台等。

（3）多用家具能满足三种或三种以上使用功能的家具，如坐、卧、贮物三用沙发，卧、健身、学习、贮物四用床等。

（五）按家具的使用环境分类

（1）民用家具是指城乡居民家中日常生活所用的家具，为人类生活必需品。故此类家具式样最多，销量最大。可以分为卧室、起居室、工作室、儿童室、餐厅、厨房等家具。

（2）卧室家具主要有双人床、床头柜、五屉柜、衣柜或壁柜、梳妆台或梳妆柜、沙发、安乐椅等多种类型。

起居室家具，起居室又称为客厅，主要家具有沙发、靠背椅、安乐椅、咖啡桌、牌桌、茶几、花架、视听组合柜、鞋柜、玄关柜等。

（3）书房家具椅、书架、书柜等

书房又称工作室，主要家具有写字台、打字台、电脑桌、靠背椅、扶手转。宽敞的书房尚可摆设沙发、茶几供休息或接待客人。

（4）儿童居室家具

主要有儿童床、玩耍桌、儿童椅、玩具柜、小书桌等。

（5）餐厅家具

主要由餐桌、餐椅、餐凳、餐具柜等家具组成。

（6）厨房家具

主要有餐具柜、食品柜，洗涤柜，多为矮柜、壁柜或吊柜。矮柜兼作灶台、切菜台、配菜台。壁柜或吊柜能充分利用厨房空间，可放一些不常用的餐具、贮藏期限较长的食品等。

（六）公用家具

公用家具指公共的建筑、室外所用的家具，根据社会活动内容而定，专业性强，每一类场所类型不多，但数量较大。有些家具虽然与日用家具相差不多，但要求条件要高些，在造型上要适应环境气氛，在功能上要符合使用性能，并要求充分利用有效空间。

（1）办公家具

办公家具指大规模公共场合所用的家具，由于经济的发展，办公家具分为传统式办公家具和现代化办公家具。传统式办公家具只用在封闭式房间，多为单件家具，如常见的写字台、靠背椅、文件柜之类传统式样的家具。现代化办公家具则由隔断、屏风、办公桌椅加上自动化办公设施组成。

（2）商店家具

商店家具指营业厅中售货用的专业性家具，包括展台、展柜、展架、柜台、陈列柜、收款台等，要求正确地陈列商品，吸引顾客的注意力，造成顾客购货的最好条件。

（3）餐饮业家具

餐饮业家具分为两类：一种是快餐使用的轻型造型简洁的家具，这类家具并不希望顾客久留，但造型上却要求能吸引顾客；另一种是使用时间较长的正餐家具，它不但要求舒适，还要配合室内设计表达出一定的风格特点。

（4）会场与剧院家具

影剧院家具主要是座椅，是在各种尺寸严格要求下来满足看得清楚、坐得舒服的条件下设计出来的。

（5）学校家具

主要有课桌、课椅及宿舍、图书馆、实验室、设计室、绘画室的家具。课桌、椅，必须适合学生不同年龄身高的情况，需分成几个年龄段进行设计。

（七）室（户）外家具

室外家具主要是指居室阳台上、平台上、花园中的家具以及居民小区、机关、企事业单位的林荫道边与花园中的家具，公园与城市风光带中供游人休闲、观赏的家具等。室外家具主要是椅、凳类家具以及桌类家具。这类需具有抗御外界各种气候条件的功能，不怕日晒雨淋，坚固耐用，并要造型美观，注重色彩处理，以加强环境美与生活的情趣。

（八）按家具的原材料分类

把家具按材料分类主要是便于掌握不同材料家具的特点。现代家具日益趋向于多种材质的组合，传统意义中的单一材料的家具在逐渐减少。因此，在家具按材料分类中仅仅是按照一件家具的主要材料来分类。

（1）实木家具

木材的视觉感、触觉感以及独特的美丽纹理、绝热性、绝缘性、弹性、透气性、易加工性、易雕刻性，是其他材料无法超越的。所以，木材一直为古今中外家具设计与制造的首选材料，尤其是造型优美、做工精细的酸枝木、紫檀木、花梨木等名贵材家具，将永远是最高级的家具，是其他任何家具所无可比拟的。我国的明、清式家具，欧洲的巴洛克、洛可可式家具，直到今天仍然是家具的典范，备受人们的喜爱。根雕家具是实木家具的分支，具有自然的艺术美，有较高的装饰效果与观赏性。

（2）竹藤家具

竹藤家具主要有竹家具、竹编家具、藤编家具、柳条家具以及现代化学工业生产的仿真纤维材料编织家具。在品种上多以椅子、沙发、茶几、书架、席子、屏风为主。

竹藤家具历史悠久，创造出许多为人们所喜闻乐见的优秀品种，而进入千家万户与楼堂馆所。有的还登上了高雅大堂，不仅是舒适的使用品，而且成为亮丽的装饰品。竹、藤是生长最快的绿色材料，国内资源丰富。在木材资源紧缺的当代，以竹代木，创造出各式各样的绿色家具，不仅能充分利用竹材资源，而且能创造出较高的经济与社会效益。竹藤家具是绿色家具的典范，并具有独特的材质与编织纹理，轻便舒适，将会日益受到当代人们的喜爱，尤其是迎合了现代社会"返璞归真"回归大自然的国际潮流，因而会拥有广阔的市场。

（3）木质人造板家具

由于木材，特别是名贵木材生长期较长，资源日益缺乏，远不能满足生产发展的需求，所以，木质人造板—胶合板、纤维板、刨花板便成为现代板式家具的主要原材料，为板式家具的发展做出了积极的贡献。这类家具类型较多，应用十分普遍。但由于使用了含有甲醛等有害物质的胶黏剂，再加上纤维板与刨花板尚存在密度大、握钉力差、易翘曲变形等缺点，越来越受到人们的抵制。为此，人造板务必使用无毒或低毒胶茹剂，全面提高质量。

（4）金属家具

由于金属具有强度高、耐磨性好、不燃烧、易于弯曲造型、易于铸造成型等优点，适合现代大工业化制造，从而成为现代家具重要的原材料。用于制造家具的金属材料主要有各类型钢、铝合金、铜合金、不锈钢、铸铁等。

现代金属家具多以金属构件为骨架，与木材、人造板、塑料、玻璃、皮革、帆布等材料制成的部件组合而成。

铸铁多用于制造户外家具及大会堂、大教室、影剧院、候车室等公共场所的座椅骨架。型钢主要用于制造公用家具及沙发的骨架。铝合金、铜合金钢多用于制造玻璃柜的骨架及木质家具的配件。现代亦有不少的居室家具与办公家具，以不锈钢或电镀的型钢为骨架构件，造型十分优美，颇受用户喜爱。以金属材料代替木材，节约木材资源，是现代家具发展的一个重要方向。

（5）塑料家具

由于高分子的迅速发展，出现了各种强度高、耐磨、耐温、耐腐蚀、表面光滑、成本较低的有机复合材料，并易于模压成型和脱模。因此，很快在家具制造工业中获得了较广泛地应用。从而使家具造型从装配组合成型转向整体模压成型，开创出不少新产品，如天鹅椅、蛋壳椅都是塑料家具的典范。

（6）玻璃家具

玻璃是一种晶莹剔透的人造材料，具有平滑光洁透明的独特材质美感。现代家具的一个流行趋势就是把木材、铝合金，不锈钢与玻璃相结合，极大地增强了家具的装饰、观赏价值。

现代家具正在走向多种材质的组合，在这方面，玻璃在家具中的使用起了主导性作用。由于玻璃现代加工技术的提高，雕刻玻璃、磨砂玻璃、彩绘玻璃、车边玻璃、镶嵌夹玻璃、冰花玻璃、热弯玻璃。镀膜玻璃等各具不同装饰效果。玻璃大量应用于现代家具，尤其是在陈列展示性家具以及承重不大的餐桌、茶几等家具上，玻璃更是成为主要的家具用材。

（7）石材家具

石材质地坚硬、耐磨、耐候、耐温、耐腐蚀，经久耐用。天然石材的种类很多，在家具中主要使用花岗岩和大理石两大类。花岗岩有印度红、中国红、四川红、虎皮黄、菊花青、森林绿、芝麻黑、花石白等之分。大理石有大花白、大花绿、贵妃红、汉白玉等之分。石材因品种、产地与年代的不同，故其密度、色泽、花纹的差异较大，价格相距甚远。一些奇特的石材，经琢磨之后，可放出奇光异彩，而成为宝石；其价值连城。在现代家具的设计与制造中，常用天然大理石材做桌、台、几、案的面板，以充分发挥石材的坚硬耐磨与天然肌理的装饰作用。也常用作一些高级家具的镶嵌材料，如在椅背上、床屏上、衣柜上镶嵌具有较高观赏价值的云石、绿宝石，以提高家具的装饰效果。

（8）软体材料家具

传统软体家具是以木材做骨架，以弹簧、天然纤维为软质材料；现代软体家具多以型钢做骨架，以泡沫塑料或高压气、高压水为软质材料。两者相比，前者属绿色家具，使用舒适，使用期限较长，但其制作工艺技术较复杂，成本较高。

软体家具的主要品种有沙发、沙发椅、沙发凳、沙发床垫、沙发榻等，应用日益广泛。

第二节　家具造型设计概述

一、家具造型设计的目的

（一）概述

目的是指行为主体根据自身的需要，借助意识，观念的中介作用，预先设想的行为目标和结果。那么家具造型设计的目的是什么？是为了设计而设计，还是为了商业而设计，我们的目的不一样，对设计的解读也会显得有些差异。设计目的是设计师在采用具体设计方法前所预想的达到的目标、效果。所谓万丈高楼平地起，设计目的决定设计的方向，对设计结果起到至关重要的作用。

（二）使用的目的

工业设计这一概念虽然是 19 世纪末被正式提出，但自人类诞生之日起就设计并使用工具至今，使用功能也成为鉴别设计品与艺术品的重要依据。既然提到了使用的目的，那么就必须提出功能主义，20 世纪 20 年代，现代设计领域的一个重要派别——现代主义设计最终形成。现代主义是主张设计要适应现代大工业生产和生活需要，以讲求设计功能、技术和经济效益为特征的学派。其最为重要的理念便是功能主义。功能主义就是要在设计中注重产品的功能性与实用性，即任何设计都必须保障产品功能及其用途的充分体现，其次才是产品的审美感觉。简而言之，功能主义就是功能至上。根据家具与人与物之间的关系，可将家具分为三类：第一类为与人体直接接触，起着支撑人体活动的坐卧类家具，如椅子、凳子、沙发、床等。第二类为与人体活动有着密切关系，起着辅助人体活动、承托物体的作用，如桌子、几、案等。第三类为与人体产生间接关系，起着储存物品的作用的储存类家具，如橱、柜、架、箱等。按种类不同家具需满足不同的使用目的，凳子首先需满足坐的基本使用功能，当满足基本的坐后，人们又考虑到如何坐的舒适，因此在原有凳子的基础上增加了靠背、扶手，也就产生了椅子。当满足坐的舒适后，人们又考虑到如何更好地休息、放松，因此产生了沙发。最初的使用目的的改变导致设计方向的改变，最终导致设计完成品的大相径庭。在包豪斯时期功能主义发展到了一个全新的高度，并在此基础上形成了完全意义的现代主义设计。

（三）烘托气氛的目的

随着时代的发展，仅仅满足使用功能的家具以无法满足人们的需求。家具是依附于环境、空间而存在的，尤其在室内空间中，家具更是占到很大的比例，在室内设计专业是先挑选、设计家具，再设计空间环境；还是先设计空间环境，再挑选、设计家具，一直是争论的焦点。由此可见，家具对环境、空间的影响。

（1）家具造型烘托气氛的作用

龙椅，一国之主在垂帘听政时的御座。皇上每天要处理大量奏折，身心疲惫，与大臣们商讨事宜时理应坐得舒适，可龙椅在尺寸，比例上却很大，有着宽大的坐面，繁缛的雕饰，皇上坐在上面很难靠到靠背，倚到扶手，并无舒适可言，难道是设计者的失误？但早在明代的圈椅设计中，靠背就被设计成 S 形曲线，完全吻合人体腰椎，使人体能最大面积的贴附在靠背上，同时双手搭在弧线形的扶手上，达到休息放松的效果，可见设计者是知道如何达到休息的目的的。试想，满朝文武大臣不是跪着就是站着的禀报事宜，皇上半依靠在罗汉床上，是舒适了，但成何体统！在龙椅的设计上，威严性战胜了舒适性，为了达到使皇上正襟危坐，烘托威严与权力的目的，只能牺牲舒适。造型、比例的大体现出大气、壮美的美感，象征稳坐江山；用料的考究体现出使用者的身份的重要性；椅背、扶手上所雕饰的龙则象征帝王威严和权力。

（2）对不同主题、氛围的烘托

现代家具已不单纯是简单的日用消费品，家具产品作为一种文化现象发展到今天，已经是现代人类生活中调剂居室环境的艺术品、装饰品、是融实用与艺术于一体的全新的消费品。同时也是直接影响到室内陈设艺术效果和现代居室文化品位的重要因素。

家具的造型、颜色均受时代的影响，具有很强的时代特征，因此从年代上分便有传统家具（古典家具）与现代家具之分。当设计家具时无疑会考虑家具所存在的环境空间、主题时代。为中式茶楼设计家具，就该考虑如何体现中式的风格，如何烘托文人墨客品茶的清静、儒雅氛围，家具的造型就多少会借鉴中国明清家具的影子；为西餐厅设计家具，就该考虑如何体现西式的风格，如何烘托绅士贵族用餐的高贵、讲究氛围，家具的造型就多少会借鉴欧洲巴洛克时期的影子。这也正是传统家具的继承与发展。

（3）单体家具与群体家具的烘托效果

家具摆放的多少取决于空间环境的大小、使用的需要，但家具的少或多无疑对环境空间起到烘托效果是不同的。相同室内空间，若只摆放一把椅子，环境会显得十分开阔，而椅子会显得十分重要，因为整个空间是在为一把椅子所服务，进入空间的人甚至会以为这把椅子是一件艺术品。若整齐地摆放上几排椅子，环境则会显得十分充实，此时，椅子对环境起到极强的烘托效果，进入空间的人很自然会认为这是集会场所。

（四）传达信息的目的

家具设计本身就是产品造型视觉语言的传达，从这种意义上说，设计家具就意味着设计传达一种产品语言，设计师通过独特的造型语言来传达自己的设计意图，使观众和消费者能够理解和接受，这种设计传达被理查德·布契南认定为如同一种设计语义学，如同文学上的修辞学、设计语义学是关于艺术设计造型语言观念的传达，发挥设计语言和符号的作用，并使这种语言能为观众所理解和接受，它体现设计要素之间的逻辑关系并成为沟通设计师与消费者或潜在消费者之间的一个桥梁。为什么布契南要强调设计语义学的理论，因为家具的设计不仅是一个简单的物体制造，设计师与制造商其实是在制造一个为使用者的一种新的坐具和一种新的生活方式。在居室环境中，空间内若摆放着沙发、茶几，说明是客厅，摆放着写字台、书架，则说明是书房。这是最简单直接的功能信息传递。家具材料间接的传递了使用地点的信息，如皮革、布艺沙发必须在室内使用，而不锈钢、藤条类坐具则可在室外使用。家具还会在使用方式上传递信息，比如躺椅，造型上介于靠背椅与单人床之间，所传达的使用信息是倚靠。尽管大部分躺椅是泡棉材质，但长时间挺胸抬头的坐在上面仍会由于颈椎、腰部没有支撑而刚到疲惫，这是由于使用者错误的解读了使用方式所导致的。躺椅的整体造型为S形曲线，而且有一定斜角，因此想要在上面睡上一个安稳觉的想法也是错误的。躺椅的正确使用方式就是倚靠、半躺，这是设计者的目的。

（五）环保的目的

当今人类面临着人口持续增长、自然资源日趋匮乏、环境污染严重等重大问题，人类无节制地开发利用自然资源，给自身生存环境造成危机。除了工业、农业等生产过程造成的破坏之外，人们日常生活中制造的大量垃圾也给生态环境造成极大的破坏。家庭日常生活资源消耗的大幅度增加。不仅是由于人口的增加，还由于人均物资消费量的增加。

由于往往由设计师决定家具所选用的主要材料，如何生产制造？采用什么表面处理方式以达到最终的表现效果？因此作为家具的主要策划者和创造者的设计师对家具在各阶段所产生的环境问题都会有直接或间接的影响。家具的使用寿命相对较长，但仍不可避免破损、淘汰的命运，用后的废弃物如何处理？是否使用可回收或再利用的材料？设计师对众多问题起决定性的作用。可以说环保不仅是家具设计的目的，更是设计师不可推卸的责任。

二、家具造型设计的限制条件

（一）概述

辩证唯物主义认为主观与客观是对立统一的关系。客观不依赖于主观独立存在着，客观决定主观，主观能动地反映客观和反作用于客观，对客观事物的发展起促进或阻碍作用。并指出主观与客观在实践基础上的统一、一致，不是僵死的，而是一个过程。邓小平强调指出："解放思想，就是使思想和实际相符合，使主观和客观相符合，就是实事求是。"家具造型设计的目的是设计者的主观意愿，主观意愿必定会受到很多客观条件的限制。

（二）大环境因素的限制

不同地域地貌，不同的自然资源，不同的气候条件，定会给家具设计起到限制条件，并形成不同的家具特性，就我国南、北方的差异而言，北方山雄地阔，家具则相应表现为大尺度，重实体，端庄稳定。南方山清水秀，家具造型则表现为精致柔和奇巧多变。关于家具造型过去有"南方的腿北方的帽"之说法，北半球的国家，其南方往往代表着繁闹和温暖，温湿多雨，家具以防潮、防腐的为主。北方则代表着寒冷和空旷。也就是说北方的柜讲究大帽盖，多显沉重，而南方的家具则追求脚型的变化，多显秀雅。在家具色彩方面，北方喜欢深沉凝重，南方则更喜欢淡雅清新。北方崇尚简朴，南方追求华美，很大程度上也是地域特点造成的。

（三）小环境因素的限制

设计置身于公共空间的家具面临着许多制约条件，首先，每天面对风吹雨淋和高密度的使用，限制了公共家具的材料必须防潮、防腐、结实耐用。其次，由于公共家具只提供人们短暂休息服务，因此，家具造型不宜设计的过于舒适。最后，公共家具是体现城市面貌的细节，体现了政府对百姓的关怀，造型上应与城市面貌相符合，同时便于安装、拆卸。

不同的使用环境对家具有着不同的限制条件，儿童空间的家具要求色彩绚丽，尺寸符合儿童使用，尽量避免直角等，办公空间家具要求颜色偏冷，使用方便，舒适但却要避免安逸。

（四）成本、预算对家具设计的限制

当今社会，企业技术竞争异常激烈，谁拥有新技术，谁就在竞争中占有优势，但技术的开发异常困难，费用也非常昂贵。相比之下，利用现有技术条件，依靠工业设计的力量，则可用较低的费用提高产品的功能与质量。使其更便于使用、增加美感，从而增强企业竞争力，提高经济效益。这也正是家具设计在家具企业越来越受到重视的原因，在企业的生产活动中，应该把为用户提供优良的产品放在首位。但企业的目的是利润，利润的大小是企业成败的标志。因此，企业的生产预算、成本成为设计师的一大限制条件。合理的设计不仅给用户带来满意的产品，而且可以降低产品成本，增强企业利润。

（五）材料、技术对家具设计的限制

设计需要技术的支持，又在技术的基础上表现着思维与情感。而技术则是功能与理性的良好表述，它的不断更新又为设计的表现形式提供了多样性。

就材料而言，它是设计师实现设计的物质条件，技术则是设计师实现设计的有力保障。没有材料，任何设计师也将是"巧妇难为无米之炊"，设计将成为纸上谈兵，设计只能停留在构思阶段；缺乏技术，设计师难以实现家具造型的物化，即使再高明的家具设计师也难以造就功能优良的家具。同时，技术更是可以提升设计作品的艺术表现力。对于家具设计师而言，材料和技术犹如绘画艺术家眼中五彩斑斓的色彩和手中的画笔那样重要，它们是家具设计师进行设计创作的前提条件。

如果 1960 年没有硬性塑料和一次性压模成型技术，潘顿椅就只能停留在草图阶段，丹麦人维诺·潘顿也许就不会成为设计大师而被后人所知；如果没有玻璃纤维材料，那么艾罗·阿尼奥的球椅也只能成为空想。

三、家具造型设计的评估

在《设计中的设计》一书中，原研哉强调"优良的设计是有企图和计划性地编辑资讯，抓住事物本质，将各种资讯有系统地构筑起来，再以美观、合理的外形将构筑好的资讯表现出来。"

（一）安全性

家具设计赋予人们的深刻内蕴和美感本源的内质即人文之质，乐感之情，内蕴于意象之理，外观于形式之美，范型为本，变通为用，开物成务，文质彬彬。最终追求和实现天人合一的生活境界和艺术氛围。而家具的安全性，无疑是最重要的。一把椅子，时刻处在

倒塌的边缘，摇摇晃晃，那么，即使设计的再美观，消费者也不会选择，因为首先它是家具，是产品，需要满足使用功能，而非艺术品。同时，家具的安全性也包括环保性，不符合环保要求的家具会释放出甲醛等有害气体，对人的健康造成危害，消费者必定会把自身健康放在挑选家具的首位，因此设计师在设计家具时一定要把家具的安全性放在首位。

（二）舒适性

21 世纪的家具设计不但要可靠、耐用、安全，更重要的是要满足舒适度。无论是静负荷类家具或动负荷类家具，都应根据人体工效学的基本法则，结合人体的生理和心理需求，设计出合理的家具尺度和空间距离，给消费者设计与制造出最大限度的自由活动空间以及更多的方便和安全感、视觉美感等，最终回归到最佳实用效果的目的上来。

（三）美观性

造型艺术性具有总体性，21 世纪的家具设计仍然崇尚以人为本的个性化追求与设计理念，这是毋庸置疑的。当人们反覆论述现代居室文化消费的问题时，就不容忽视未来家具文化与居室文化的交融与渗透性，更不容忽视家具文化与居室文化之间的姻缘关系了。这也正是未来家具设计师必须时时刻刻注意把握与研究的一项课题。家具产品作为一种居室文化载体发展到今天，它已经是现代人类生活中调剂居室环境的艺术品、装饰品，是融艺术与实用于一体的一代全新消费品，从而也是 21 世纪居室消费中的重要组成部分。未来家具设计师必须从这一高度来研究与分析家具设计中的艺术美学问题。家具设计过程中，不可或缺地要灵活借用实用美术设计中的一些基本做法，其中如产品外观形体稳定的均衡；线形、面型的谐和与灵气；装饰纹样的生动与形象神韵；五金配件美学格调的选择，都需要设计师在实践中不断提高自身的实用美术学修养水平，才能适应 21 世纪国内、外两大市场的激烈竞争态势。现实告诉我们，没有高水平的产品设计，企业就无法抢占市场，从而也就没有企业厂家的生存空间。

第三节　家具造型设计的美学法则

一、尺度与比例

（一）尺度的概念

尺度是指家具设计，根据人体的尺度及家具的使用功能、力学强度、形体美观等的要求而确定的尺寸范围。需要根据家具整体与部件、家具容量与被贮藏物体、家具体积与室内空间等的恰当比例关系来衡量。

（二）比例的概念

任何形状的物体，都存在着长、宽、高的度量，即三维空间尺寸。比例就是指物体长、宽、高三维空间尺寸之间，局部和整体之间，局部和局部之间的匀称关系。

（三）家具造型的比例设计

（1）家具造型的比例必须和人体尺寸及生活习惯联系起来，因为家具的比例不仅同使用方式、存放物品的种类及大小有关，而且同人体及使用方式有密切联系。一般来说，是以人身的尺寸为依据，根据使用要求而定。如席地而坐的家具与垂足而坐的家具，其比例就不同，儿童与成年人使用的家具比例也会有差异。

（2）家具本身的比例关系是决定造型美的一个非常重要的因素。主要包含两方面的内容：一方面是整体或者是其局部本身的长、宽、高之间的尺寸关系；另一方面是整体与局部，或者是各局部彼此之间的尺寸关系。因为家具是由多种不同部件组成的，这些部件都在形体的比例之中。即使是同一功能要求的家具，由于比例不同，所得到的艺术效果也不同。如两个相同的长方形立画，一个是任意边长组成，一个是以正方形对角线作为长边而构成的长方形，两者相比，后者的比例关系比较适当，形体较美。

粗壮厚重的家具其部件的尺寸也需相应加大，而纤细轻巧的家具部件尺寸则要相应缩小，这样才能使整体与部件互相协调，取得整体与局部之间的比例匀称美。

（3）家具制造时受到技术、材料、功能要求、传统和社会思想意识等客观因素的制约，因此特定的生产技术、制作材料和功能要求又是形成特定比例的物质基础。任何家具造型都依赖当时的材料和技术，传统的木家具，采用榫卯结构，其构件断面较大，使整体具有粗壮、稳重的比例效果。现代金属家具由于金属腿支架强度较高，用很小断面就能满足使用强度要求，所以形成纤细、活泼的比例效果。采用塑料成型的家具，改变了几千年所沿用的榫结构技术，使产品造型产生了质的飞跃，其力学结构达到了完美的应用，其比例关系也显得匀称有度。由此，可以看出不同结构和不同材料的运用，使家具的基本比例产生较大差别。

二、变化与统一

变化与统一是适合于任何艺术表现形式的一个普遍规律，也是最为重要的构图法则。多样或繁多体现不同事物个性的千差万别，统一或一致则是多种事物共性的结合和整体的和谐。单有多样或繁多容易造成杂乱无章，涣散无序之感，而仅仅是统一或一致，又会觉得单调、贫乏、呆板。多样与统一的结合，才能给人以美感。从变化和多样中求统一，在统一中又包涵多样性，力求统一与变化的完美结合，力求表现形式丰富多样而又和谐统一，这便是家具造型设计必须采用的表现手法。

家具由一系列的零部件构成，各种零部件通过一定的结构形式与连接方法，构成完整的家具式样。家具各部分的区别和多样性就是家具造型的变化，而家具各部分的联系和整体性就是家具造型的统一。在同一套造型中，变化可由以下几方面引入，即：改变尺寸、改变质地、改变方位、改变细部特征或改变颜色，这样造型才有主调，才能形成自己的特色。

三、均衡与稳定

家具是由一定的体量和不同的材料组合而成，常常表现出一定的重量感，因此家具造型必须处理好家具重量感方面的均衡与稳定的问题。平衡是指家具各部分相对的轻重感关系。学习和运用平衡法则，是为了获得家具设计上的完整感与安定感。

所谓均衡是指物体左、右、前、后之间的轻重关系；而稳定则是指物体上、下的轻重关系。研究均衡与稳定的目的就是要正确处理家具形体中各部分的体量关系，以获得均衡而又不失生动、稳定而又轻巧的效果。均衡有两大类型：即静态均衡与动态均衡。静态均衡是沿中心轴左右构成的对称形态，是等质等量的均衡，静态均衡具有端守、严肃、安稳的效果。动态均衡是不等质、不等量、非对称的平衡形态，动态均衡具有生动、活泼、轻快的效果。要获得家具的均衡感，最普遍的手法就是以对称的形式安排形体。对称的形式很多，在家具造型中常用的对称形式有如下几类：镜面对称、轴对称、旋转对称。用镜面对称、轴对称和旋转对称格局设计的产品，普遍具有整齐、稳定、宁静、严谨的效果，如处理不当，则有呆板的感觉。对于相对对称的形体，则要求利用表面分割的妥善安排，借助虚实空间的不同重量感、不同材质、不同色彩造成的不同视觉来获得均衡的效果。

对于不能用对称形体安排来实现均衡的家具，常用动态均衡的手法达到平衡。动态均衡的构图方法之一是等量均衡，即在中心线两边的形体和色彩不相同的情况下，通过组合单体或部件之间的疏密；大小、明暗及色彩的安排，对局部的形体和色彩作适当调整，把握形势均衡，使其左右视觉分量相等，以求得平衡效果。这种均衡是对称的演变，在大小、数量、远近、轻重、高低的形象之间，应以重力的概念予以平衡处理，具有活泼优美的特征。动态均衡的构图手法之二是异量均衡，形体中无中心线划分，其形状、大小、位置可以不相同。

在家具造型中，常将一些使用功能不同、大小不等、方向不一、组成单体数量不均的体、面、线作不规则的配置。有时将一侧设计得高一点而窄一点，另一侧低一点而宽一点，以使其在整体上显得均衡。有时一边用一个大体量或大面积与另一侧的几个小体量或小面积相配合，借以获得均衡。尽管它们的大小、形状、位置各异，但在气势上却取得了平稳、统一、均衡的效果。这种异量均衡的形式比同量形式的均衡，具有更多的可变性和灵活性。

在设计中，家具的平衡还必须考虑另外一个很重要的因素—重心。好的平衡表现，需有稳定的重心。它能给外观带来力量、稳定和安全感。自然界中的物体，为了维持自身的稳定，靠地面的部分往往重而大。家具造型设计与自然界其他的人造物一样，其形体必须符合重心靠下或具有较大底面积的规律，使家具保持一种稳定的感觉。轻巧，则是在稳定的外观上赋予活泼的处理手法，主要指家具形体各部分之间的大小、比例、尺度、虚实所表现的协调感而言。稳定与轻巧是家具构图的法则之一，也是家具形式美的构成要素之家具对稳定的要求包括两方面：一是使用中所要求的稳定；二是视觉印象上的稳定性。

在一般情况下，实际使用稳定的家具，在视觉上也会感觉稳定。

四、重复与韵律

自然界与社会生活中有许多事物与现象都是有规律地重复出现、有组织地重复地变化。韵律是艺术表现手法中有规律地重复和变化的一种现象，家具造型设计也应该对家具某些功能构件、装饰图案、形体特征等的重复现象，巧妙地加以利用。在重复与韵律的表现手法中，重复是产生韵律的条件，韵律是重复的艺术效果。

无韵律的设计，就会显得呆板和单调。

在家具造型设计上韵律可借助于形状、颜色、线条或局部装饰而获取。在家具构图中，当出现各种重复现象的情况时，巧妙地加以组织、进行变化处理是十分重要的。韵律的类型主要有连续的韵律、渐变的韵律，起伏的韵律和交错的韵律。

连续的韵律是由一个或几个单位组成的，并按一定距离连续重复排列而形成的韵律。渐变韵律是在连续重复排列中逐渐增加或减少某一要素的大小、形式或数量。起伏的韵律是渐变周期的反复，即在总体上有波浪式的起伏变化，这种有高潮的韵律效果称起伏的韵律。交错的韵律则是有规律的纵横穿插排列所产生的韵律。

以上四种韵律的共性就是重复与变化，重复又有简单的重复与复杂的重复之分，变化有有形的变化或量的变化之分。通过起伏的重复和渐变的重复可以强调变化，丰富造型形象，通过连续地重复或交错的重复，可以彼此呼应，加强统一效果。

在家具造型设计中，通过家具构件的重复排列或交替出现；雕刻装饰图案的重复和连续；木纹拼花的交错组合；织物条纹的配合应用；家具形体各部分的有规律增减和重复；组合成套家具中某些形、线的反复应用，拉手、脚型的反复出现等，都是形成产品韵律的方式和手段。

五、模拟与仿生

家具是一种既具物质功能又具精神功能的产品，在不违反人类工程学原则的前提下，借助生活中常见的某种形体、形象或仿照生物的某些原理与特征，进行创造性的构思，设计出神似某种形体或符合某种生物学原理与特征的家具，就是所谓家具模拟与仿生的造型设计。模拟与仿生，自古以来就是家具造型设计的重要手法。模拟与仿生可以给设计者以多方面的提示与启发，使产品造型具有独特的形象和鲜明的个性特征，可以使使用者在观赏和使用中产生对某事物的联想，体现出一定的情感与趣味。应用这种手法可以丰富造型和体现思想感情，因为这是一种较为直观的和具象的形式，所以较易于博得使用者的理解与共鸣。模拟与仿生的共同之处就是模仿，前者主要是模仿某种事物的形象或暗示某种思想情绪，而后者重点是模仿某种自然物的合理存在的原理，用以改进产品的结构性能，同时以此丰富产品造型形象。

（一）模拟

模拟是较为直接地模仿自然形象或通过具象的事物形象来寄寓、暗示、衍射某种思想感情。利用模仿的手法具有再现自然的意义，具有这种特征的家具造型，往往会引起人们对美好的回忆与联想，丰富家具的艺术特色与思想寓意。

若是在整体造型上进行模仿，家具的外形塑造类同一件雕塑作品。这种塑造可能是具象的，也可能是抽象的，亦可能是介于两者之间。模仿的对象可以是人头、人体或人体的某一部分，也可能是动物、植物，或者是别的什么自然物。

模仿人体的家具早在公元1世纪的罗马家具中就有出现，在文艺复兴时期得到了充分的表现，人体像柱、半像柱，特别是女塑像柱得到了广泛的应用。在整体上模仿人体的家具一般是抽象艺术与现代工业材料及技术相结合的产物，它所表现的一般是抽象的人体美。大部分仿人体家具或人体器官家具，都是高度概括了人体美的特征，并较好地结合了使用功能而创造出来的。

模拟有两种基本方式：一是在局部构件上进行模拟，模拟的主体是家具的某些功能构件，如桌椅的脚、床头板、椅子扶手等，有时则不一定是功能件，而是附加的装饰件，主要是用于镶嵌的装饰件；二是结合家具的功能件与整个形体进行图案描绘与简单加工，一般用于儿童家具，如将各类动物描绘于板件上，然后对板件的外形进行简单的裁切加工，使之与板表面的图形相吻合，再组装成产品，这是一种难度最小和最容易取得效果的模拟。

（二）仿生

自然界的一切生命，在漫长的进化过程中，能够生存下来的重要条件之一就是改变自己的躯体适应生态环境。这种在功能上各成体系，在形式上丰富多彩的生命形式，便为设计师创造性的思维开辟了途径，为家具设计提供了取之不尽的源泉。这种以模仿生物系统的原理来建造技术系统，或者使人造技术系统具有类似于生物系统特征的学科便是仿生学。仿生学是一门边缘学科，它是生命科学和工程技术科学互相渗透、彼此结合的学科。从生物学的角度看，仿生学是应用生物学的一个分支，因为它把生物学的原理应用于工程技术。从工程技术的角度看，仿生学为设计和建造新的技术设备提供了新原理、新方法和新途径。仿生学是生物学和工程技术相结合而产生的，反过来又促进了这两门学科的发展，仿生学在建筑、交通工具、机械等方面得到了广泛的应用。

近几年来，模仿生物合理存在的原理与形式，也为家具设计带来了许多力学强度大、结构合理、省工省料、形式新颖的新产品。

仿生设计一般是先从生物的现存形态受到启发，在原理方面进行深入研究，然后在理解的基础上再应用于产品某些部分的结构与形态。

此外，仿照人体结构，特别是人的脊椎骨结构，使支承人体家具的靠背曲线与人体完全吻合，这无疑也是仿生设计。如果说塑造人体家具或人体家具部件，再现人体的艺术美是模拟，那么仿照人体形体设计出与人体尺度一致的坐具就是仿生。

按仿生原理设计的坐具，可以是任意风格与任何形状，它只追求与人体接触的坐具表面的形状，使其符合人体工程学的原理。当然直接塑造成人体也是可能的，那就是模拟与仿生的完美结合。

在应用模拟与仿生手法时，除了保证使用功能的实现外，同时必须注意结构、材料与工艺的科学性与合理性，实现形式与功能的统一、结构与材料的统一、设计与生产的统一，使家具造型设计能转化为产品，保证设计的成功。

第四节　家具造型设计中的人体工程学原则

人体工程学是研究人与工业产品关系的学科。它起源于第二次世界大战，是从研究人类在生命活动的环境中如何处于最佳状态的问题开始的。人体工程学是随着工业化的进步而产生的，它与工业设计平行发展，并且广泛地以劳动生理学、工业卫生学、人类学、工程心理学等各门科学的方法和成果为基础，运用于工业设计与制造、交通设施、日常生活用品、生活与工作环境等。

当然，作为保证最佳劳动与休息条件的人工室内环境装备最重要构件之一的家具，就是要符合人体工程学的要求。它在室内设计方面的运用，主要是对人体各部位尺寸及人的各种活动、姿势、能力及心理反应等进行精密的测试和分析、研究，并以此作为设计依据，创造出科学、舒适的真正适合人生理及心理需要的室内环境。一件家具，使用起来是否舒适，与人体工程学有直接的关系。如书桌过高或过低，会造成人的肩、背、腰等部位不适和疲劳；床垫的软硬及透气性是否适宜，对人体的睡眠有很大影响。家具的造型、色彩、触感等，都会给人心理上以明显的影响。

一、人体工程学的基本准则

人们日常的坐卧、站立，行走、跑跳等基本动作有着不同的尺度、幅度和空间的范围。在家具设计中，我们要分别了解坐、立、卧三种人体的动作形态。

（一）座椅（凳）的功能就是支撑人体的"坐"

当人体坐下时，由于盆骨与脊椎失去了直立状态下的自然平衡，躯干的结构就不能保持原来的姿势，椅子的座平面和靠背便对人体加以支撑，使骨骼和肌肉在人坐下来时能获得合理的松弛。这就是椅子最基本的功能。

（二）站

站立是人区别于其他动物的基本动作，在站立状态下人做各种活动时，骨骼肌肉和韧带时时在自然调节，从而使人体结构各个关节点发生变化。人体在站立时手具有最大的工作范围和活动幅度。

（三）卧

"卧"作为人体特殊的动作的形态，不能简单地看作为站立姿态的平卧，因为人处在"卧与"立"时，脊椎的状态完全不同，平"卧"时处于松弛状态接近于直线，而站时基本上是自然的"S"形。

二、家具造型设计与人体工程学关系

人体工程学理论为家具设计提供了科学的依据，不仅要求家具的尺寸、曲线等方面更符合人体的尺寸与曲线，而且还考虑家具的造型、材质及色彩对人的生理和心理的影响，使家具设计更为科学合理。

下面分析人体工程学理论在几种常用家具中的运用。

（一）人体类家具

作为支撑人体活动的人体系列家具是人们日常生活中使用较多的一种类型，人们的许多活动如学习、工作、休息、睡眠等都是在坐、卧姿势下进行的。因此，科学地设计坐、卧类家具，对于改善人体有关系统的工作状况，提高休息质量，消除人体疲劳，提高工作效果有很大的作用。科学研究证明，由于人体各个部位的肌肉、骨骼、神经等有差异，使得人体各部位在不同的姿态下，对疲劳、压力、疼痛等的感觉是不相同的，对血液循环的阻碍程度也不同，因此，座椅、床的设计应考虑在不同姿势下人体肌肉、骨骼、血液循环等均能保持良好的状态、尽量避免过快产生疲劳感。

（二）座椅

人的尺寸和比例对选择各种类型的椅子尺寸影响非常之大。实践证明，座椅的设计，较理想的形式是应能便于人调整姿态，最大限度地减轻全身疲劳。这对于长时间坐着工作的人来说，显得尤为重要。

1. 座面高度

座面过高会使两脚悬空，使大腿底部产生压力，阻碍血液循环，时间久了会使小腿产生麻木肿胀的感觉。若座高过低，小腿需支持大腿的重量，稍久会引起小腿酸软不适。座面过低，还会引起人体上肢前倾，增大背部肌肉的活动度。人体的重心过低，起身时双膝用力较困难，尤其对于膝关节功能逐渐降低的老年人来说，座高不宜过低。综上所述，恰当的座高应是略小于小腿的长度。

2. 座深

座深主要是指椅座面前沿至椅背前面的尺度。座深恰当与否，也是坐姿舒适度的关键。正确的座深，应略小于坐姿状态下大腿的水平长度。过深与过浅的座画尺度，都会引起人的不适感。

当然，座椅的具体使用功能不同，座深也有差异。一般的工作用椅，人的上身通常是端坐的姿势，腰椎与盆骨之间呈直角状态，所以座深可以稍浅一点。休息用椅，靠背成一定的倾斜角度。这种情况下，座深就要深一些，但最多不宜超过 530mm。

3. 座宽

舒适的座椅，应能够便于人体变换坐姿，这样才不会因为长时间保持一种姿势而产生疲劳。座椅的座宽是影响人体坐姿变换是否舒适的直接因素。合适的座宽应使臀部完全受到支撑，一般以人的平均肩宽尺寸再适当放宽一些，以大于 460mm 为宜。但也不能过宽，尤其是扶手椅，若太宽不便于人的手放在扶手上。两扶手之间的距离需根据成人的胖瘦而定，但不能小于 475mm。

4. 背斜角

即靠背与座面的夹角，靠背的高度及跟座面适度的斜度，以及材质的软硬程度，会使人产生不同程度的舒适感，而且有助于保持人体的平衡，并分担部分体重。

高靠背使人有躺的感觉，因此高靠背适合于休息用椅。低靠背适合工作学习，因其高度在肩胛骨以下，既能有效地支撑腰部，又不妨碍上肢的活动，因此靠背的最合适高度约为 360~630mm。对于工作座椅，人的肘部活动较多，可能会经常碰到靠背，所以靠背宽度在 325~375mm 范围内为宜。靠背的高和宽只是问题的一个方面，更重要的是能够松弛的脊椎姿势。因此，靠背的形状和角度也很重要。脊柱弯曲状态因人而异，所以高度与形状之间的关系较复杂。此外，氐骨和臀部是稍向后突出的，在设计靠背时，应注意在保证腰部靠在靠背上的同时，在座面上方即靠背下部要留 125~200mm 高的空隙，以适应人的脊椎弯曲特点。

靠背和座面成一定倾角，有两方面的作用：第一，它可以防止坐者向前滑；第二，它可以更好地支撑腰背部。从人体测量学观点来看，只适宜的背斜角为 115 度。椅座面适当向后倾斜，与水平面成 3~5 度，有利于人体坐姿保持平衡。但对于工作用椅来说，靠背后倾角度过大，则不合适。因为人坐着工作时，通常重心是前倾，如果座面后倾角度过大，就会影响坐姿的保持，从而影响工作效率，而且还会因背部肌肉活动量的增加易产生疲劳。

5. 扶手高度

扶手的功能是使人坐在椅子上时，让手臂自然放在扶手上，可以减轻两臂的负担。若扶手过高，人的上臂不能自然下垂，人的双手放在上面会造成双肩高耸，而使肩、背和手都感到不适。若扶手过低，人的手臂为了有所依托，会倾斜身体以使两肘能落在扶手上，人的躯干则不能保持自然舒适的姿势，容易产生疲劳。因此，适宜的扶手高度为座面以上200~240mm 之间。角度可随座面的倾角而倾斜，一般与座面平行即可。

座面和靠背的柔软程度不同，对人产生的影响也不同。较柔软的座面可以增加臀部与座面的接触面，减小压力分布不均匀的状况。但太软的坐垫会造成身体的不平衡与不稳定，效果反而不好。

（三）床

1. 床的功能

床的功能是使人能够很好地休息，消除疲劳，恢复体力。要满足这一要求，就应对人体卧姿时的脊柱曲线有所了解，才能使设计达到合理、科学的要求。人的脊柱大致呈 S 形，从侧面看有四个生理弯曲。因此，要达到良好的坐姿和卧姿，其必要条件是使人体能产生最适当的压力分布于脊椎的椎间盘上，以及在肌肉组织上适当而均匀的静负荷。因此，人的卧姿要达到最佳的效果，必须使人躺着时脊柱曲线最接近其自然状态。弹力过大、过小的床垫都会使脊柱产生不正常弯曲，使人感觉不舒适。若床垫的弹力能根据人体各部位的不同压力而加以调整，则可使人仰卧的脊柱曲线符合生理特点，感到舒适。

（1）人体仰卧在弹力较大的床垫上或木板上，与人体站立时的自然姿态相差较大。

（2）人体仰卧在弹力较小床垫上，脊椎相当弯曲，腰椎向上突出。

（3）将床垫不同部位弹簧的弹力加以调整，使人体仰卧时下沉量最大的臀部弹簧的弹力适当加大，则人体在仰卧时脊柱曲线较为自然。

前面两种仰卧姿态都使人感觉不舒服，甚至还会产生腰痛；后一种仰卧姿态，让人感觉舒适。

2. 床的尺寸大小

此外，床的尺寸大小需满足人的睡眠要求。根据研究得知，人在进入睡眠状态时，每晚会进行 20 余次翻身，以调整卧姿。如果床的宽度过窄，就会使人处于紧张状态而减少翻身次数，得不到充分的休息。

（1）床的宽度

需为人的平均肩宽的 2~3 倍，按成年男子平均肩宽 400mm 计算，一般单人床宽应为800~1200mm；折叠床为了节省占地面积，最低宽度可降至 700mm；双人床宽度一般为1500~1800mm。

（2）床的长度

床的长度除了考虑人体的长度以外，还应考虑头、脚的两端留有一定的余量，一般床的长度通常采用下列公式计算：床长 = 人高度 ×1.05+ 头上余量 + 脚余量。通常成人床的长度为 1920~2000mm。

（3）床面高度

主要考虑方便人起、坐及穿衣、脱鞋等活动，一般以 400~500mm 为宜。对于老年人使用的床，高度应高些，以 500~600mm 为宜，以方便腿脚不灵活的老年人。

随着现代生活的发展，床的概念也不可拘泥于一种传统的模式，床的高度被降低了，甚至简化为在地板上放一张弹簧床垫。设计应结合室内整体环境考虑，与个人的喜好、生活习惯有密切联系。

根据实验得知，人体每晚会排泄一定的汗量，如果不能有效散发，人体便会感到闷热不适。因此，床垫需具有良好的透气性。

（四）准人体类家具

准人体类家具系指各种桌、台类家具，其主要功能是供人们读书、写字、绘图、用餐、梳妆等用途。但有一些准人体类家具尚可在其桌面上摆放一些物品，桌面下贮藏一些物品。对于书桌、办公桌、绘图桌、课桌等家具，应有利于提高工作与学习效率，不易产生疲劳，不损害人体健康。这就必须使其具有合理的功能尺寸。

1. 桌子的高度

桌子的高度是最基本的尺寸之一，是保证桌子使用舒适的首要条件。尺寸过高或过低，都会使背部、肩部肌肉紧张而易产生疲劳。对于正在成长发育的青少年来说，不合适的桌面高度还会影响他们的身体健康，如造成脊椎不正常的弯曲和眼睛近视等。因此，桌子的正确尺寸应该是与椅、凳的座高保持一定的比例关系。桌子的高度通常是根据座高来确定的，即是由椅、凳的座面高度，加上桌面与座面之间的高度差。

桌面与座面高差是一个常数，1979 年国际标准（ISO）确定为 300mm，根据这些原则，一般桌面高 700~760mm。茶几也通常划为桌类家具，其高度应视沙发的高度而定，应考虑人坐在沙发上取、放物品方便。因此其高度可略低于沙发扶手的高度，约 350~450mm。而对于绘图桌或一些主要以站立使用的桌子（如讲台），高度应根据使用情况确定，一般为 800~950mm。

2. 桌面尺寸

桌面的尺寸也会直接影响人的工作效率。一般来讲，桌子尺寸是以人的坐姿状态，其上肢的水平活动范围为依据，并根据功能要求和所放物品多少来确定。尤其对于办公桌，太大的桌面尺寸，超过了手所能达到的范围，造成使用不方便；太小则不能保证足够的面积放置物品，而影响有效的工作秩序与工作效率。较为适宜的长度尺寸为 1200~2000mm，宽 600~800mm。但一般餐桌宽度可为 700~1000mm。

对于两人面对面使用或并排使用的桌子，则应考虑两人的活动范围，需将桌面适当加宽。对于办公桌，为避免干扰，还可在两人之间设置半高的挡板，以遮挡视线。多人并排使用的桌子，应考虑每个人的动作幅度，而将桌面适当加长。

对于一些课桌、阅览桌，桌面可设置为 150 的斜角，让人能用正确而舒适的坐姿阅读书刊。

一般餐桌的桌面尺寸，则应根据中、西餐的不同而有差异。一般圆桌，根据使用人数的不同，其尺寸需有大小之分，通常直径为 800~1800mm。矩形或椭圆形桌面的长度尺寸为 1300~1800mm，宽度尺寸为 650~900mm。正方形桌面的尺寸一般为 700~800mm。

3. 桌的净空尺寸

人在使用桌子时，双脚应能伸进桌面下的空间并能自由活动（如腿的伸直、交叉等），以便变换姿势减轻疲劳。因此桌面下需有足够大的空间，否则会影响人双腿活动。桌子下若有抽屉，则抽屉底面不能太低，应保证椅面距抽屉底面至少有 178mm 的净空高度。

4. 桌子的颜色

人在使用桌子时，尤其是写字台、办公桌，眼睛往往是长时间注视桌面上的书籍纸张，桌面颜色会对眼睛产生很大影响，甚至会影响到工作效率。如果桌面色彩过于鲜艳，亮度过大，使视觉中枢受到强烈的刺激而产生较强的兴奋感，易引起视力不能集中，且易疲劳。所以桌面的色彩，以冷色调或三次色调（黄灰、蓝灰、红灰）为宜，最好采用亚光涂饰。

（三）家具造型与确定功能尺寸的原则

（1）满足使用功能要求的原则一定要满足使用功能要求，让用户使用方便，有利于使用者身心健康。这是先决前提，"以人为本"是务必要保证的核心原则。

（2）形体比例协调的原则即家具的高度、宽度、深度三维尺寸的比例应基本协调；同时应满足室内环境内各家具尺寸比例的协调与统一。

（3）稳定性原则即家具在使用过程中，不会松动、倾倒而产生危险，使人感觉安全。家具的稳定性跟尺寸比例密切相关，如一家具的高度过高，而深度过小，不仅比例不协调，而且给人造成不稳定感，有一碰即倒之感，使用户提心吊胆，这是必须避免的缺陷。

第五节　家具造型设计的方法

一、家具造型的设计要素

（一）家具造型设计要素中的点

在造型中相对于整体而言，比较小的型体可称为点，因而可以说这些点是有大小、形状和体积的。家具造型中的点主要指门、抽屉上的拉手、锁孔、沙发软垫的装饰扣、泡钉和小五金件等常规的功能附件。

1. 单点的应用

点在人们的视觉中具有很强的注目感，如：点设计在家具形体的中心位置。但若设计在图形中的上方或左右位置，则给人不稳定感和相对的动感；若设计在家具图形的下方，则给人一种稳定感和安全感。

2. 多点的应用

两点之间会产生一种线的感觉。多点时则会出现不同排列，顺序的虚拟的面或形体。在我国明清式家具设计中，就运用了各种的五金件来点缀家具，不仅增强了家具的使用功能，还发挥了良好的装饰作用。

（二）家具造型设计要素中的线

线在家具设计中主要指家具外形的轮廓线、面与面的转折线、门缝线和各种装饰线。线的形态主要有直线和曲线两大类：

1. 直线

直线给人一种紧张、锐利、简洁、刚直感，从心理或生理感觉来看具有男性一些特点。其中细直线是我国南方家具设计中常使用较细的线材构件，因而给人一种纤细、敏锐的心理感觉；而粗直线是我国北方家具设计中常用较粗壮的线材构件，因而给人一种豪爽、拙朴、厚重的感觉。垂线线、瘦长形的家具形体给人一种挺拔、庄严感；而水平线则显得宽广、安宁。家具设计中若用斜线则能给人造成一种方向感和强烈的动感。

2. 曲线

曲线表现出一种动态、活泼、轻快的意味，显示出女性美的特征，洛可可式家具设计中运用了纤细的结构、柔曲的腿部造型，从而创造了一种女性化的审美感。

（三）家具造型设计要素中的面

面在家具造型设计中通常指各种板面的形体设计，而不同形状板面的设计能给人不同的心理感受。三角形、梯形面常给人一种稳定、端正之感，但如果将它倒过来设计，则给人一种轻巧、不稳定的感觉。圆形具有一种恒定之感，菱形或不规则形体则给人一种活泼、轻快之感。

（四）家具造型设计要素中的体

在造型设计中，体可理解为点、线、面围合成的三度空间所形成各种形状的几何体。在家具造型设计中，正方体和长方体是用得最广泛的形态，如桌、椅、橱柜等。体的构成，可以通过线材的空间围合构成的虚体和由面组合成或块立体组合成的实体。虚体和实体给人心理上的感受是不同的，虚体使人感到轻快、透明感，而实体则给人一种重量感，围合性强。体的虚、实处理给造型设计作品带来强烈的性格对比。

点、线、面、体与家具整体造型的关系好比是砖与楼的关系。家具造型以点、线、面、体为基本元素，利用它们的不同特征、给人的不同感受，运用具体设计方法使它们有机的结合，组成家具整体造型。

二、家具造型的美学形式

在现实生活中，经济地位、文化素质、思想习俗、生活观念、价值观念等的不同决定着人们有不同的审美追求，然而单从某一事物或某一造型设计的形式条件来评价时，却可发现在大多数人中存在着一种相通的对于美或丑的感觉共识，这种共识是从人类社会长期生产、生活实践中积累的，它的依据就是客观存在的美的形式法则。

（一）对比

对比就是强调表现形式各要素间的不同和相异性，目的在于使整体形式间产生鲜明的对比关系，进而会使形式赋予生命的活力。

可以说对比是形式设计中最重要的具体设计的原则和方法。形式设计的"相反相成"规律就是侧重于对比关系而言的。目前在一些设计较普遍地存在着"消极对比"的概念，错误地认为只有强调大量地使用调和手段才能达到和谐的目的。对比的关系要素是极其普遍的，如大小、方向、质感、色彩、虚实、明暗、高低、方圆等。对比的方式也是很多的，但概括起来，对比的方式有并置对比和间隔对比两类。并置即相反要素是并列和直接相遇的关系。并置对比一般情况下所占的空间比较小，而且相对的集中，效果比较强烈，容易引起人的注意，往往处在视觉中的位置。这种形式要慎重对待否则会产生杂乱无章的效果。所谓间隔对比是间隔一定距离的对比形式。这种形式一般不易产生构成的高潮，而只是高潮的呼应形式。它容易产生构成上的装饰效果，并且有高度和谐的装饰意义。

（二）统一

美是多种数量比例关系和对立因素和谐统一的结果，即所谓"寓变化于整体"。统一与对比是相反的概念，它在形式设计中强调形式要素间的共同和近似因素，强调它们之间的联系和趋同点，这是求得形式和谐的又一重要的方面。由于客观世界的万物天然是不同的，因此为了达到和谐的目的寻求形式的趋同与调和就成为重要的构成手段。其主要方法有：

1. 对称

自然界中到处可见对称的形式，如人的脸、蝴蝶的翅膀等。所以，对称的形态在视觉上有自然、协调、均匀、整齐、完美的朴素美感，符合人们的视觉习惯。对称是指一个轴的两侧形态相同的构成形式，是最易实现的审美手段。可以说无论怎样杂乱无章的形式只要成为对称形式就会产生审美效果，因为它有单纯的秩序美，而且也是人们长期受对称形式的传统影响所导致的一种审美惯性，因而对称形式天然地被大众所接受。

随着社会的设计活动发展和变革，人们已不满足于绝对对称的审美形式，在大量的设计实践中又出现近似对称和反称对称形式，又把对称形式推演和发展到更加成熟的阶段。所谓近似对称就是在轴的两侧主要造型要素间为对称关系，而次要要素为变化关系，虽然有些局部关系不是对称状态，但是从整体上观察仍能产生对称效应，而不失大体。所谓反转对称则是利用人的错觉将中轴线两侧的造型要素反转过来，原形是一样的而方向不同了，这样，在整体相同的图形起主导作用，在视觉上也容易产生对称效应。这两种对称形式是发展绝对对称的形式，因为它们增加了适度的对比内涵，在不影响整体秩序的前提下产生更生动的效果，这是一种积极的调和。

2. 反复

反复，是指通过相同或相似的元素反复展现而求得形式间的统一关系。它也是一种历史悠久的古典构图形式，是古代构成的主要原则，它可以轻而易举地产生秩序美感和节奏美感。反复形式的主要特征是以单纯的、简洁的要素构成丰富的秩序和节奏。它同对称形式一样容易唤醒视觉的识别机能，而知觉上不产生对抗，因此它具有易识、易记、使人加深印象的作用。

3. 渐变

渐变形式是指形式间的连续近似和变化。可以说它是近似形式的有秩序的排列和组合。是一种通过类同要素的微差关系要求的形式统一的手段。在两个极端对立的要素之间，只要采用各自向对立对方逐渐变化的手法，对立关系就会轻而易举地被转化成统一关系。诸如体积的大小、色相的冷暖、形状的方圆等都是如此。渐变形式不仅能轻易调和形式间的对立，同时，它还会使形式构成产生含蓄柔和之美。

（三）节奏和韵律

节奏和韵律是既有区别又相互依存的一对天然要素关系。节奏形式是有规律的重复，像音乐中的打击乐，有张扬的节拍和很规则的段落，使形式富有简明的机械美并富于震撼力。而韵律是有规律的抑扬变化，具有律动的变化美，更善于诉诸丰富的情感色彩。可以说节奏是韵律的纯化，韵律是节奏的深化，是情调在节奏中的运用。如果说节奏富于理性的话，则韵律更富于情感。

（四）比例

比例是部分与部分或部分与全体之间的数量关系。它是精确详密的比率概念。人们在长期的生产实践和生活活动中一直运用着比例关系，并以人体自身的尺度为中心，根据自身活动的方便总结出各种尺度标准，体现于衣食住行的器用和工具的制造中。古希腊哲学家毕达哥拉斯认为美就是由一定数量关系构成的和谐。他从数学和声学的观点出发研究数学和音乐，认为各种不同音节的高低、长短、强弱都是按一定的数比关系构成的，他认为雕塑和建筑也是如此。著名的黄金比就是他研究出的伟大成果，它的应用甚至推向了各种学科领域。此外，现代主义著名建筑大师勒·柯布基耶，还根据对人体的比例的研究，进一步发展成"黄金尺"，谋求给建筑形式设计的合理性。恰当的比例则有一种谐调的美感，成为形式美法则的重要内容。虽然比例的研究来源于音乐，人体和建筑，然而一旦当它成为一种独立的科学法则时，它就不再受一般事物自然属性的限制，而是按以人的理想尺度创造更加科学而理想的数比美了。

（五）结构

顾名思义，所谓结构就是构成形式的核心架构的走向形态。无论对于工业设计、平面设计、建筑、雕刻等都是至关紧要的。对于形式设计来讲更应强化其结构性构成要点。因为它是形式设计首先要考虑的内容，它是构成形式的纲，其他造型要素只是目，所谓"纲举目张"就说出了它的重要性。通俗地说，结构是形式设计的骨架，其他，诸如肌肉，脏器，经络等的位置及方向都是根据它来架构的。只有有了形式结构，形式才会有个性，才会有生命力。结构是确保设计整体性重要环节，否则就会陷入只见树木不见森林的盲目设计之中。

（六）均衡

均衡是地球人的特殊审美需求，因为人类生存在有引力的地球上，地心的引力作用使人类天然地养成了对安定的功利需求。这种功利天然地成为人类进行各种设计的必然审美标准，均衡法则就天经地义的成为形式设计和辨证设计中不可忽视的要素了。

均衡的形式大体上可以分为两类，即静态均衡于动态均衡。静态均衡指的是在相对静止的条件下形成平衡的关系。这是在造型活动中长期和大量被运用的普遍构成形式。是指沿中轴线左右构成均衡关系的形态。而动态均衡则是指以不等质和不等量的形态求得能对称的平衡形态。这两种形式前一种在心理上偏于严谨和理性，因而在心理上产生庄重感，后一种在心理上则重于感性和生动的灵活性。在动态平衡的自由构成中，还应加进人的力感惯性这个因素，绝大多数人在使用右手的习惯是普遍的，往往在平衡关系中右侧较重，因此在形式构成中应当注意这一点。

（七）联想与意境

联想是思维的延伸，它由一事物引领思维延伸到另外的事物上，是一种观念和心理上的再造；意境是联想的一种结果，是人们接收到的外在表象与个人经验记忆之间的交融，是一种情感需要，我国传统艺术中就较多地使用联想意境的形式美法则，例如古典园林、书画艺术等。设计作品中联想与意境的运用会使得作品更具表现力和感染力。例如图形的色彩：红色使人感到温暖、热情、喜庆等；绿色则使人联想到大自然、生命、春天，从而使人产生平静感、生机感、春意等。

形式美的法则不是凝固不变的，随着美的事物的发展，形式美的法则也在不断发展，因此，在美的创造中，既要遵循形式美的法则，又不能犯教条主义的错误，生搬硬套某一种形式美法则，而要根据内容的不同，灵活运用形式美法则，在形式美中体现创造性特点。

三、家具造型设计的具体方法

方法一词，最早见于《墨子·天志》："中吾矩者，谓之方，不中吾矩者，谓之不方。是以方与不方皆可得而知之，此其故何？则方法明也。"此处指度量方形之法。西方所谓的"Method"，从语义学的解释是"按照某种途径"。它指的是人的活动法则，是"行事之条例和判定方向之标准"。

任何方法都是有目的指向性的，目的先于方法，既是逻辑上的先，也是时间上的先。这也正是前文谈到设计目的、设计限制条件的原因。先知道要去哪，再因地制宜地选择一条"途径"达到目的。

方法还包括了"工具"的意义，亚里士多德、培根都是这样理解方法的，所以他们的方法论著作分别为《工具论》与《新工具论》。"工欲善其事，必先利其器"，有力的工具是达到目的的保障，没有金刚钻就干不了瓷器活。

从沈阳去北京的方法可以是坐火车、坐飞机、坐汽车、骑自行车甚至是走，目的是一样的，但采取了不同的途径、策略与工具后，效率、效果是不同的，在时间与经济上的花费也是不同的，选择者的主题感受也不同。如果注重时间就选择飞机，注重舒适就选择坐卧铺火车，注重沿途风景就选择自行车。不同的人在面对同样问题时选择的方法未必是相同的，因此说没有普适的方法。"其实世上本没有路，走的人多了，也变成了路"。笔者所提及的家具造型方法，只是本人归纳总结的一些适用于家具造型的办法、经验，以美学形式为法则，运用点、线、面、体设计要素，达到家具造型的美观效果的手段。算是在无路设计中踏出的一小步。

（一）穿插与排列

穿插即交叉。2008年，四年一届的奥运会在北京举行，作为奥运会的主会场，国家体育场"鸟巢"自然备受人们的关注，不难发现，鸟巢属于一种穿插、编织式的结构，它有点像自行车辐条的编织情况，48根大梁沿着中间的开口相切，然后向外穿插起来。随着鸟巢设计的成功，这种利用线条元素的穿插的设计方法也逐渐风靡起来，延伸到各种设计行业。这种穿插必须符合一定的比例形式，要注意比例的大小，条状物的宽窄。穿插能够产生比例的美，规则的条状物体还会和不规则的缝隙产生对比美。

产生穿插效果的方法有内部穿插和外部交叉，外部交叉相当于两个条状物的编织，条状物不在一个水平面上，谁也不破坏谁，比如中国传统家具马扎，它的侧面视图，凳腿与腿就属于外部交叉结构，由一个轴心固定，可旋转，这样的设计一是考虑到马扎便于携带，只要求满足短暂时间休息的使用目的，二是凳腿交叉形成的两个三角形保证了在使用过程中的稳定性，同时产生穿插的效果，增加了美感。内部穿插是条状物接近或在一个水平面上，条状物在交叉点上有接触，甚至是合二为一。

在伊拉克长大的扎哈·哈迪德，从小便痴迷于波斯地毯繁复的花样，借由织工的双手，波斯地毯将现实转化为交缠丰富的世界。无独有偶地，织工也多半为女性。她的作品并非全然地西化与现代性，曲线盘旋、穿插所组成的三角形元素一再出现于扎哈的作品中，使得她的作品充满了飘逸灵动与运动的张力。

穿插方法应用于体会产生对比美，而应用于面上则会产生机理美。人对材质的知觉心理过程是不可否认的，而质感本身又是一种艺术形式。如果产品的空间形态是感人的，那么利用良好的材质与色彩可以使产品设计以最简约的方式充满艺术性。材料的质感肌理是通过表面特征给人以视觉和触觉感受以及心理联想及象征意义。穿插在材质上的体现为编织，编织是人类最古老的手工艺之一，手工编织在我国有着悠久的历史。人们利用蒲草、柳条、藤条编织的家具，具有朴素、环保的特点。由于材料的柔韧性，编织家具造型灵活多变，同时散发着独特的草根魅力。

排列是指同一元素按一定规律反复出现，是体现秩序美感和节奏美的最有效方法。宗教在揭示人类本身的行为时，为了让上帝制造的人能够不感到厌倦而生成了万事万物，这个过程中就存在着秩序，因而秩序在这时是规律，而规律是自然界的一种客观存在，无论我们探讨现代主义的几何化的简洁美，还是形成的解构主义的非对称的和谐获释后现代主义的非和谐的形式都无非是寻找规律所在，而这种规律或是存在外在逻辑或是存在内在的必然的逻辑的秩序。在现实生活中不难发现，很多实木椅子的坐面、靠背都是由木条排列组合而成，这样设计首先避免了整块面板废料和容易变形的问题，同时产生了秩序美感并增强了通透性。

麦金托什的高靠背椅子是很好运用排列设计方法的典型。他的椅子综合了自然的元素和几何的秩序，成为手工艺品，但同时又与新艺术运动的风格有所不同。在他的椅子设计中，夸张和突出的高靠背体现着精确、丰富、简朴、浪漫的风格。

（二）仿生与模拟

德国著名设计大师路易吉·科拉尼曾说："设计的基础应来自诞生于大自然的生命所呈现的真理之中"。这话道出了自然界蕴含着无尽的设计宝藏。家具造型的仿生主要指形态的仿生，形态从其再现事物的逼真程度和特征来看，可分为具象形态和抽象形态。

具象形态的仿生是透过眼睛构造以生理的自然反应，诚实地把外界之形映入眼睛膜刺激神经后感觉到存在的形态。它比较逼真的再现事物的形态。由于具象形态具有很好的情趣性、可爱性、有机性、亲和性、自然性，人们普遍乐于接受，但由于其形态的复杂性、逼真性，在使用时应该慎重。

抽象形态的仿生是用简单的形体反映事物独特的本质特征。此形态作用于人时，会产生"心理"形态，这种"心理"形态必需生活经验的积累，经过联想和想象把形浮现在脑海中，那是一种虚幻的，不实的形，但是这个形经过个人主观的喜怒哀乐联想所产生的形变化多端、色彩丰富，这与生理上感觉到的形大异起趣。

设计灵感来源于动物、植物，我们称之为仿生设计，那么在设计中借鉴无生命的石头、水滴，或是某种已经被生产出来的物品的感觉呢？所谓模拟，就是借助某种事物或过程来再现原型或模式的表象、性质、规律、特征、利用异类事物之间的相似性、相关性进行设计的方法。人们用模拟法所再现的形象是用不同类、不同质的对应系统加以模拟再创造出来的。因而模拟设计法是用对应论来研究与创造新事物、新产品的重要科学方法。人们由概念之间的联系产生了从具体到抽象的投射，因而模拟的相似性关联不是绝对客观的，而是相对人们的既有经验进行创造。许多产品设计所传达的内涵意义与产品的功能意义并无直接关联，更是形式上的类似或使用情境上的相似。如2000年悉尼奥运火炬末端就是对悉尼歌剧院的模拟，整个火炬的造型则是对澳大利亚土著人使用的飞镖的模拟。在汽车设计中，新款车的设计必定会考虑到老款车的造型形态，尤其会对上一款车的某些形态进行所谓的借鉴、模拟、延续，这是保证自身品牌可识别的有效方法。

1958年，纳·雅各布森为哥本哈根皇家酒店的大厅以及接待区设计了一款椅子。这个灵感来源鸡蛋的椅子从此成了丹麦家具设计的样本。他也因此成了倍受崇拜的杰出设计师，其家具和其他设计产品已变成国家和全球的宝贵遗产。蛋椅独特的一体化造型，有别于传统家具靠背、坐面、扶手的多部件组合于一体的形式，在公共场所开辟一个不被打扰的空间——特别适合躺着休息或者长时间等待，给人以强烈的舒适感，就像在家里一样。

模拟与摹写、照搬是不同的，而与仿真、相似是同质的。模拟是原型再现，是以原型为楷模，不是原封不动的抄袭原型，通过创造性思维所再造或创造的二次元，甚至多次元原型。模拟是一种半模半离的思维活动。模拟必须逐渐脱离原型与模式，才能出现创造性因素，并可能出现许多意想不到的新成果。它犹如画论中的"妙在似与不似之中"之说。"似"者"相似"也，为模拟之"似""不似"者则为模拟之"似"，即为远离原型之"似"。这种情感的形成需要通过联想这一心理过程来获得由一种事物到另一事物的思维的推移与呼应。利用模仿的手法具有再现自然的意义，具有这种特征的家具形态，往往会引起人们美好的回忆与联想，丰富家具的艺术特色与思想寓意。

1925年，马歇·布鲁尔从他的"阿德勒"牌自行车的车把上得到启发，从而萌发了用钢管制作家具的设想，就这样瓦西里椅子诞生了，也随即风靡世界。它造型轻巧优美，结构简洁，具有优良的性能。瓦西里椅子曾被称作20世纪椅子的象征，在现代家具设计历史上具有重要意义。由于钢管家具具有包豪斯最典型的特点，以至于被后人认为是包豪斯的同义。

（三）趣味

在《现代汉语词典》里，"趣味"一词的解释是使人愉快、感到有趣、有吸引力的特性。而设计中的趣味是指与"单调""平乏"为反义词；与"腐""板""呆""俗"等相对立；具有自由品性和游戏精神，不拘泥于任何现状和世俗状态，表现出鲜活的活力和自由的创造力。趣味在后现代主义家具的设计中体现得尤为淋漓尽致。趣味分为稚趣和意趣两种。

稚趣，多是指一种单纯自然的倾向与乐趣，这是儿童心理活动的外在表现，含有天真与自然的美妙，反映在设计中，则通过单纯的形与色来展开，把现实中的景与物归纳和浓缩到设计物品中，以求满足儿童的心理需要。

有一点值得注意的是，稚趣往往不总是依据年龄划分，许多成年人和老年人同样具有童心稚趣。他们可以用充满稚趣的家具营造童年快乐的时光，体会小时候无忧无虑的感觉和被宠爱的感觉，并通过稚趣家具，创造一个幻想的空间，制造一种轻松的气氛。

意趣，是指超越稚趣之上的带有明显的潇洒、机智与抒情的趣味。意趣含有想象、夸张，富有游戏与幽默性，既有像达利绘画中的怪诞，也有像埃舍尔绘画中的怪圈游戏，极为巧妙精彩，也颇为独具匠心。如果说稚趣倾向于直率和稚气的话，那么意趣则更令人思考与回味，显现出高雅和聪慧，具有高格调的审美价值，有着净化人们心灵的积极意义。

意趣的体现侧重于象征意义的提取。主要强调的是通过语意学中的隐喻手法，使人产生联想，让人们熟知的一些具有视觉美感和象征意义的视觉符号投射到家具产品当中，在认知及使用过程中感知这些不同的属性，从而得到精神的享受和情感的满足。

趣味的体现主要在幽默、新奇、两个方面。

幽默一直是人们值得称许的经验。它不仅是社会交往的润滑剂，而且是增加个人魅力的法宝。幽默可以使人快乐，就像卓别林所说："由于有了幽默，使我们不至于被生活的邪恶所吞没。"对于家具而言它也同样适用。幽默的产生有两种：一种是喜剧性的冲突造成不和谐，让人发笑；另一种是荒谬与悖理之中暗含着某种联系，从而让人发现之后有所感悟。飞利浦斯塔克的家具设计幽默诙谐，尽显设计师的生活风格及性情，当你看到后会发出会心的微笑。营造了轻松愉快的生活氛围，减轻了沉郁烦闷的心理状态，创造了豁达开朗的人生境界。幽默一方面需要具有雅俗共赏大众同享，另一方面不能留于轻薄，这就如同老舍所说的："幽默一放开手便会成为瞎胡闹。"

有趣是一个让人新奇的空间，新奇可以很容易吸引人的视线关注，以达到趣味的愉悦。摆在我们面前的家具一旦抵触了我们以往的惯例，即我们以往的认知模式，它就会因为某种陌生而吸引我们的注意力，在一定程度上增加了人们的兴趣，一起人们的趣味。在我们的思维定式中一把实木椅子就是原木纹理的，但如果突然有一个大红颜色的实木椅子出现在我们周围，相信它一定会引起我们的注意，而木纹在这里没有出现，这就造就了新奇、陌生、有趣的感受。当然，从新奇的角度而言，并不是所有的新奇都能带给人趣味的感受，有时完全陌生的新奇会让人产生距离感，反而提不起人的兴趣。可以说，新奇本身不断出现的特质是趣味家具永葆青春的关键。

（四）折、叠

折叠方法在家具设计中的应用既体现在面与面有角度的拼接，产生转折的效果，又体现在零部件之间的可拆分、组合便于储存、运输的便利上。

以传统坐具为例，为了节约成本，便于生产，满足坐的使用功能，大多坐具都是直线条，但随着时代的发展，材料、技术的更新，简单地使用功能以无法满足现代人的需要，更多的内涵、感觉、个性才能刺激当今人们的视觉神经，最终激发购买欲，换言之人们以把精神的满足放到了一个相当重要的地位，在座具设计上，面与面的大转折使形体具有雕塑感，直角转折产生强硬的力量感，倒角转折凸显柔美的效果，面与面的小转折达到机理效果。

折叠的产生是生活的需要和对客观规律的认识，是造型结构上的一个重要革新和贡献，它的更新发展标志着科学技术的不断提高。在南北朝后期还没有高凳，当时使用木制的"胡床""交椅"，它们是由少数民族地区传来的，由于少数民族过的是游牧生活，经常需要迁移，他们的物品必须便于携带，这种需要决定了家具的造型。使人们的休息方式从地面上升到半高。这种"胡床"和"交椅"如同现在的折椅。折叠家具发展到现在，各类折叠床、折椅、凳、沙发等已是屡见不鲜。

折叠的产生不是凭空臆造的，而是人类在长期的生活和生产斗争中对客观规律的认识和应用。它和器物的造型、装饰一样，受到自然的启示，其中受动植物形态和结构启示的影响较大，猫、狗睡觉时卷曲四肢就占很小的空间，但站立奔跑时所占的空间很大。哺乳动物在胚胎里四肢蜷曲的形态是一种合理的体积安排。孔雀开屏时就像打开一把五彩斑斓的大扇子，所有这些自然现象显然与人类创造折叠产品有着内在的联系。正如从鸟到飞机一样，既受自然的启发，但又不是照抄自然，而是比自然更高级、更科学合理。但它的初期一般模仿自然成分较多，逐步发展到高级阶段，这也是人类认识自然从表面到本质，从必然向自由的发展过程。在住房面积较小的居室中，折叠式家具也常作为备用家具。这些家具收藏时的折叠与使用时的展开应是辩证统一的。折叠是为了更好地展开，必须符合"适用、经济、美观"的原则。家具一旦应用折叠的方法设计，那么就要有较严格的工作流程，就要求我们学习研究一些机构学、机械加工、材料力学等方面的知识，尽量克服折叠家具易损的缺点，在"适用、经济、美观"的原则下，设计出更多更好的折叠家具，满足人们的生活需要。

（五）特意

马未都先生讲，中国人的审美有四个层次，呈金字塔状。最底下这层，叫作"艳俗"。像张艺谋拍摄的《英雄》、冯小刚拍摄的《夜宴》、农村的大花布床单、流行歌曲，都是艳俗，它简单明晰，具有最广大的群众基础，容易被接受，也容易被抛弃，是审美的第一个层次。第二层，叫作"含蓄"。唐诗宋词是最典型的代表，我们需要慢慢体会它的美，而无法直接理解。比如李白的《送友人》："此地一为别，孤蓬万里征。"说得很简单：彼此一分手，我就坐着船走了。听起来没什么，但从诗歌的角度上讲，这是一副著名的流水对。上一句与下一句对仗工整，意思前后相接，这就叫作流水对。它的美很含蓄，是审美的第二个层次。第三个层次，接受的人就更少了，叫作"矫情"。当代艺术都陷于这种状态。比如典型的毕加索画作，有时很难看懂。据说英国女王都说："我实在看不出来，他画的人的脸到底冲哪边？"金字塔的塔尖是最高层次的审美——"病态"。病态的审美首推缠足，今人对缠足难以接受，可清代以前的人以缠足为美。清人李渔在《闲情偶寄》里，还专门教人怎么欣赏缠足。《红楼梦》里的男子，大都具有女性美；而女子，大都具有病态美。贾宝玉像个女孩子，林黛玉像个病人，这就是中国人在文化中追求的一种审美情趣。这里指的特意就是第三个层次的"矫情"，是一种有意而为之，不按套路出牌，甚至是反其道而行之的设计行为。

法国大文豪莫泊桑说："应该时时刻刻躲避那走熟了的路，去另寻一条新路。"广告大师艾·里斯在《广告攻心战略——品牌定位》一书中说："寻求空隙，你一定要有反其道而想的能力。如果每个人都往东走，想一下，你往西走能不能找到你要的空隙。哥伦布所使用的策略有效，对你也能发生作用。"

尽管包豪斯的功能主义在现代设计艺术史中的重要地位不可替代，但随着时代的发展，人们对审美的要求也越来越高，打破现代主义标准的呼声也越来越高。20世纪60年代，西方的一些国家逐渐进入了发达型社会，几位现代设计大师的相继去世，求新、求变的年轻设计师向功能主义、理性主义提出挑战，随即产生了后现代主义设计，后现代主义设计强调不确定性、多元性、实验性、游戏性。后现代主义即是对现代主义的特意改变。

明代家具造型、装饰、工艺、材料等，都已达到了尽善尽美的境地，受到江南文人，官员的气息影响，明式家具具有典雅、简洁的时代特色，讲究线条美，它不以繁荣的装饰取胜，而是着重家具外部轮廓的造型变化，因物而异、个呈其姿，给人以强烈的线条美，可以说明代家具是我国家具史上的黄金时代。即便如此，明代家具也没有摆脱被特意地结果，清初家具沿袭明式家具的风格，但随着时间的推移，中西方文化的交流，清代"设计师"对明代家具的素雅产生了审美疲劳，因此，大量的雕刻、镶嵌和描绘等装饰手法出现在家具中，使清代家具体现出式样多变、追求奇巧、富丽豪华等特点。清代乾隆时期的家具，尤其是宫廷家具，材质优良，做工细腻，尤以装饰见长，多种材料、多种工艺结合运用，是清式家具的典型代表。

（六）色彩的运用

"光赐予我们色彩。"色彩是眼睛受到光的刺激所引起的视觉作用，它使我们的生活变得五光十色、绚丽缤纷。色彩是富于象征性的符号，就色彩自身而言是没有感情的，但一旦色彩与人们的生活发生联系之后，变成了人们表达情感的工具。在家具设计中，色彩的应用就相当于服装应用于人体，可见色彩的重要性。家具的色彩运用主要表现在三个方面：

（1）用色彩结合形态对家具进行功能暗示，如家具的某个部位或零件用色彩加以强调，暗示结构或功能。

（2）用色彩制约或诱导家具的使用行为，如深色给人以稳重感，白色表示洁净，黄色表示温馨。

（3）用色彩象征功能。有时家具的特征属性能够用色彩表现，反映的是家具系列化产品的形象，甚至关系到企业的形象和理念。

在家具设计中适当的色彩不仅能够理性的传达某种设计理念，更重要的是能够以它特有的魅力激发起使用者的情感反应，达到影响人、感染人和使人容易接受的目的。

色彩的运用要考虑到消费者对不同色彩的认同。地理气候及文化的差异导致民族色彩的出现，注意民族色彩的收集与整理，发觉民族色彩形成的深层原因，才能在家具色彩设计中把握本民族文化的继承，体现个性化的设计思维和照顾大部分人的色彩认同。

色彩的运用与时代潮流紧密结合，流行色反映了人们的心理状态和对社会文化的认同。当今生活方式日新月异，设计师应多留心观察社会需求的变化，体会人们心理的变化，并深入研究，这样才能掌握并预判色彩流行，有助于色彩在家具设计中的运用。

（七）计算机辅助设计的作用

在进行具体设计过程中，设计师均需要针对不同的对象和条件、分析目标和要求，从而将设计意图表达出来，而且要尽可能更加形象、逼真，并首先在视觉上给予直观的反映。而家具设计本身是建立在工业化生产方式的基础上，综合材料、功能、经济和美观等诸方面的要求，以图纸形式表示的设想和意图。这样，正确的思维方式、科学的程序和工作方法就显得非常重要。

过去，家具生产一直属于手工业生产方式，以边设计边生产的方式进行着，生产者就是设计者，而到了工业时代，这种形式已不能再适应家具市场的发展，那些简单而笨重的生产工具很快被先进的机械设备所取代。在竞争激烈、科技飞速发展的今天，低效率的劳动已无法再作为现代家具设计的手段。

随着时代的发展，科技的进步，计算机技术的发展给人类社会的方方面面都带来了巨大的变化，家具设计领域也不例外。计算机辅助设计（Computer Aided Design）技术的出现给家具设计技术带来了高效的手段。计算机辅助设计（CAD）技术在现代家具设计中的应用，使设计师可以甩掉画图板，从传统的手工制图中解脱出来，使原来繁重复杂、枯燥无味的设计工作变得简单而生动有趣，将造型设计——结构设计——工艺设计——物料配套等一气呵成。由于计算机具有运算速度快、存储数据多、精确度高、记忆功能和逻辑判断能力强大等诸多特点，使得由 CAD 系统设计出的图纸规范、整齐、清晰、美观，而且审核修改方便，从而能达到提高设计质量，缩短设计周期及降低设计成本等优点。随着 CAD 软件的不断完善，对其他软件不断开发，家具设计师不仅可以将设计意图由三维建模以三视图、透视图及施工图的形式表现，而且还可以在计算机上运用虚拟现实技术，更加逼真地表现家具及所处环境，提供业主以身临其境的感觉，更加直观形象地体会到生产成品后的效果，以便于业主决定设计结果。

目前，飞速发展的计算机技术为各种软件提供了良好的空间和操作环境。企业已经意识到运用 CAD 技术的意义和作用，不断寻求功能更加强大的、更完善的 CAD 软件。聘用既懂专业知识又能熟练运用计算机的综合型人才，以此为手段，完善和改进自己的产品，求得在激烈竞争的家具市场中占有一席之地。反之，也刺激着软件开发商们不断发挥自己的聪明才智，不断开发出更多的优秀的软件，为设计师提供事半功倍的工具。

综上所述，在崇尚高科技的今天，家具行业要取得进步，求得发展，设计出更加符合市场需要的、更加优秀的家具产品，就必须运用高科技手段，借助计算机进行辅助设计是最行之有效的方法，其意义和作用也是不言而喻的。

四、家具造型方法的实际应用

工业设计有电子产品设计、家具设计、交通工具设计等众多方向，在众多方向中笔者尤爱家具设计，在本科期间就关注家具设计的发展、变化，通过对网络、书籍、杂志等相关家具资料的收集，历时近一年时间，从对资料的概括、归纳，总结出系统全面的家具造型设计方式和方法，到市场调研，了解现有家具及消费者需求；最后，挑选适合自身设计定位，设计风格的方法，以当代审美形式与文化象征为标准进行应用，先后进行设计草图、电脑效果图、结构图，到最后的等比例模型制作，终于为研究生毕业设计画上了圆满的句号。

（一）形式美

"清水出芙蓉，天然去雕饰"。而简单的拿来主意，不加以提取的生动造型，则会显得苍白无力。此设计将蝴蝶，鸟的翅膀抽象成带有弧线的三角形符号，将荷花抽象成椭圆形符号，运用构成原理进行排列组合，穿插。条状椅面、椅腿如瀑布般流畅。直线的运用体现庄严、肃穆，弧线的运用体现优雅，动感。

（二）功能美

一把椅子，一把凳子，一个双人椅，一个茶几，可坐、可靠、可放物，可组合后半躺。满足了基本的使用需求。

（三）艺术美

世间万物皆有阴阳，基数为阴，偶数为阳，三为阳，二为阴，椅、凳扶手由三段木料组成三角形为阳，坐面坐腿由三段木料组成三角形为阳，凳子两个方向的三角形成阴而椅子又多了靠背为阳。一大一小，一阴一阳，一上一下，一尊一卑。同时，限量生产，增加了产品的稀缺性，并满足了购买者的求异心理。

（四）技术美

以进口枫木为材料，全手工打造，弧线造型均以切割方式形成，而非弯曲而成。暗榫卯结构，对接触多以斜角对接，以木蜡油（木蜡油是植物油蜡涂料国内的俗称，是一种类似油漆而又区别于油漆的天然木器涂料，单位体积的木蜡油要比油漆贵上不少，它和目前那种基于石化类合成树脂所生产的油漆完全不同，原料主要以精练亚麻油、棕榈蜡等天然植物油与植物蜡并配合其他一些天然成分融合而成，连调色所用的颜料也达到了食品级。因此它不含三苯、甲醛以及重金属等有毒成分，没有刺鼻的气味，可替代油漆用于家庭装修以及室外花园木器。）代替油漆粉刷、抛光，健康、环保。

第四章 现代家具设计中的中国主义

第一节 "中国主义"的来源

"中国主义"区别于"中式"，是对中国传统文化的进一步强调，它其实指的是中式传统家具的功能主义，"中国主义"一词可解释为：

（1）"中国主义"是指中国传统家具设计中的形式、功能和设计原理。

（2）"中国主义"是指灵感直接或间接源于中国传统家具设计中的原理的现代家具设计。

在19世纪下半叶和20世纪上半叶，现代家具设计出现材料上的变化和设计理念上的巨大变革，而这场变革与中国古代的家具设计紧密相连。随着文化的交流和中国之间战争的爆发，不仅从英国和法国还有从德国的比利时，荷兰、意大利、俄国、瑞典、丹麦、澳大利亚、日本和美国远道而来的中国的学者、收藏家和鉴赏家日益增多。他们购买收集并掠夺了大量的中国古代艺术作品，包括明朝和清朝的家具和有关中国家具和室内布置的书籍。西方国际许多著名的博物馆中展示了大量的中国收藏品，许多新的博物馆中也开始收藏中国的艺术品。这些活动使越来越多的学者认识到中式古典家具中先进的设计理念和设计感，尽管几乎没有设计师和学者认为中国家具体系在世界家具体系发展中是两大体系之一。因为其悠久的历史和其复杂的体系中国家具本身就证明了，其设计师和家具木匠比许多西方学者所承认的在创造和发展"现代"家具方面有更大的自由和更深的智慧。"现代"的特性——直率的设计理念、精巧细致的构造、材料润饰的慎重选择和高度发达的技艺，以及对人体尺度舒适的全面考虑，使中国古代家具区别于欧洲古代家具体系静止的，神圣的且经常具有纪念性的风格。

现代家具研究中真正关注中国主义的论述非常少，在浩瀚无边大量的家具史和现代家具设计的参考书中，仅有一部分书籍涉及这个课题。这些书大部分是在20世纪80年代后出版的，更加引人注目的成就是在相关杂志上发表的那些丰富多彩的各类文章。当然他们在数量上不能认为是很少，因为他们形成了相对庞大的参考书目。但遗憾的是，仍没有一本完整系统的中国家具史，而且大多数书籍仅研究中国古代家具的一部分或主要的一种风格——明代风格和一些清代的风格。但是，欧洲、美国，尤其在日本许多对中国研究的领域都在进行，但对中国家具的研究却很有限。这样，当世界进入近现代期，特别是在19世纪下半叶——20世纪上半叶期间，在西方和东方的文化交流中，日本在许多领域包括家具设计领域中已成为主要的甚至是完全代表东方文化的国家，尽管人尽皆知日本人至今仍保持着席地而坐的习惯。在西方许多研究中，中国主义都被日本主义所代替。在家具设计领域，许多"日本主义"的特征实际上只是中国主义的同义字而已。尽管日本学者在中国主义的研究上做出了许多杰出的贡献。

一、古老的中国家具体系

中国传统的中式家具，是没有家具设计师的，家具设计师实际上是业主与工匠的结合，顾客用草图和口头表述来设计，然后由木工和工匠来实施。所以中式家具的设计者既是出色的家具设计师也是建筑师。《鲁班经》是中国古代建筑及设计方面的一部重要文献，由建筑与家具两部分内容组成，是一部建筑的营造法和对家具制造的经验总结。对木匠来说，它是一本非常实用的参考手册。书中规定了家具的选材、卯榫结构、家具尺寸等方面。因此，中国古代的工匠会在概念性的骨架上加上自己的理解和细节，这就是为什么某些中式家具看上去形式相似，但细节却截然不同。此外，《鲁班经》还对许多设计图样做了记载，例如：花饰线脚有棋盘线、剑脊线等，并在家具上应用了琴脚、车脚、大豹脚和奖脚。雕刻则有云头、端草、莲花、虎介如意、花头和三蚌等。这样的记载也为工匠们施展他们的细节处理才能提供了广阔的想象空间。

因为不同历史时期的不同状态和不同背景，"中式"是一个比较宽泛的概念，从漆器、瓷器、家具任何一个门类都包括"中式"。其实，许多中式的设计门类在很早以前就对世界产生了深远影响，名扬海外了。

漆家具是中国家具体系中最古老的类型。早在秦汉时期，髹漆技术就进入了一个新的发展阶段，髹漆作坊遍布全国各地。无论是从生产或是在艺术上，髹漆技术都已达到了一个高峰时期。张骞通西域，开辟了中国同西亚和欧洲交通的新纪元。

在汉、唐、宋时期，朝鲜、日本、印度以及中亚和西亚各国均引进了我国的漆器和髹漆技术。因此，漆家具作为中式家具的代表最先吸引西方人的注意。明朝是漆家具的高度发达时期。我国古代仅存的一部古代漆工的专著《髹饰录》，全面地论述了漆的历史、工艺、分类、特点等。书中序言写道："今之工法，以唐为古格，以宋元为通法。又出国朝厂工之始，制者殊多，于此千文万华，纷然不可胜识矣。"

二、中国古代家具中蕴含的现代设计理论

包豪斯著名的设计大师莫霍里·纳吉曾说：设计并不是对制品表面的装饰，而是以某一目的为基础，将社会的、人类的、经济的、技术的、艺术的、心理的、生理的多种因素综合起来，使其能纳入工业生产的轨道，对制品的这种构思和计划的技术即设计。由此可

以看出，设计需要有明确的功能性设计的目的正是把这种功能性转化到设计对象上去木制家具被称为家具中"东方情调"的代名词。但有些消费者认为：传统的中式家具缺乏功能性，不能与西方设计相比较。但其实，自古以来，中式家具都是以实际使用上的功能设计为基础的，以普通的椅子为例，河北锯鹿出土的靠背椅实物，据推测是北宋时期的，椅子后腿直接升上，与搭脑结合，搭脑出头收拢，后有靠背板用来支撑人体向后倾斜的力量，坐面下有牙子支撑，底部有踏脚，其下还有牙子加固，踏脚之间相互交错，避开结构点，形成稳固结实的构造，而且比例适度，形式简洁美观。

北宋时期的椅子可以说改变了人们生活的起居方式，进入垂足而坐的时代，我国的高型坐具也得到了大发展。对现代影响最为深远的是明式的椅子，据研究里面含有发达的人体工程学设计。

椅类家具在明朝的成就可谓最为辉煌，仅种类就有靠背椅及梳背椅、扶手椅、圈椅和交椅等，每一种类细节又不完全相同。椅背中间纵立的长条靠背板是所有椅子设计的特征之一。明朝椅子的长条靠背板的长度和曲度都是认真计算设计的结果。我们现代人认为这似乎很正常，但在当时，这种符合人体曲线的设计是由明朝的工匠设计出来的，也就是说，早在几百年前，在我国就有了人体工程学。在正常情况下，从侧面看，人体的脊椎成"S"形。考虑到这个因素，许多明朝的椅子背部中间都有"S"形或"C"形的长条靠背板，倾斜大约为100°，以便坐者可以略微地靠在上面，这样，在座者背部和靠背板的联系上，中国椅子给予足够而恰当的接触面，可以使人的韧带和肌肉完全放松。

座席的构造也是中国椅舒适的前提。许多欧洲传统的椅子，其座席有着繁复的装饰或不适当的表面，其或过硬或过软，都被现代人体工程学证明是不舒服或不健康的。典型的中国椅则从完全不同的角度发展了座席设计，它们采用自然材料，有一些柔韧性，但不是很厚。座席常常有两层垫面；上面是藤条，下面是棕榈须根，分别满足了弹性和强度的需求。这种座位在座者的重量下会略微下陷，将压力合理的分散掉，主要是骨架真正的支撑着人体。

三、早期的家具的形式美法则

"形式美法则"是引导现代设计思想的基础，它概括了设计的基本要素。中式家具鼎盛时期的明式家具完美地诠释了这一设计的基本概念。

（一）形式和空间的美

詹姆斯·克兰——前古典中国家具博物馆的摄影师，认为中式家具最吸引他的是空间，因为由构件限定的"负空间"是家具中最有意义的空间。这些空间形状尺寸各异，并随着视角的角度变化而变化。例如，这种由冥想椅围合的不同的尺寸各异的空间，比它们实线本身更能引人注目。盘腿坐在这种椅子上冥想，可能更能达到"虚空"的禅的境界。中式家具设计很重视在家具的线性结构中留有足够的空间，中国的设计师在尽可能少量的木材中制作出更多东西的方法，就类似于中国画家和书法家在他们的国画或书法中留白是一样的。

明朝时期，工匠们为了寻找形式上的美感，借鉴了许多相关的艺术类别，例如，绘画和雕塑。其中以屏风为例，屏风是仕宦和文人家庭的常备之家具。布置灵活多样，可达到分割室内空间的效果。屏风中，有的屏身镶以各种石材，有的裱糊锦帛，并加以书法、绘画、雕刻和镶嵌。由此可见，明式家具是一门及多种艺术于一体的传统工艺，整个家具朴素、优雅、别致，形成了和谐的整体。

（二）完美的比例

一件好的家具不仅要有理性的尺寸和细节的形式美，还需要有完美的比例。第一，家具的比例依赖于功能的需要，然而像牙子、搭脑等细微之处的比例也要考虑到。经过仔细研究，桌子、椅子、橱柜、床等明式家具的优雅的外形源于材料的紧密组合和严格的长、宽、高比例。整体、各个局部以及局部与整体间的比例。以在明代达到高潮的圈椅为例，其搭脑与扶手以曲线形浑然连成一体，流畅圆润。扶手与坐板相交的两点至踏脚中心正好是一个正三角形，增加了椅子的稳定性。

明式的许多家具为取得均衡与稳定的形式，椅子、桌子和其他家具常常略微有些侧角，上面的部分略窄于下面的部分。但这种差异视觉上是看不出来的，只有通过测量。

从整体分析，简单的装饰性边缘与整体空间的比例也经过细心设计。各个局部使用的木材的厚度由它们在整体家具空间中的作用所决定。"增一分，则长；减一分，则短"用以描述明式家具的完美比例关系很适宜。

（三）线条韵律美

形式美法则中的线条的韵律美，在明式家具中也得到了新的论证。线条是中国绘画，尤其是书法的精髓，其特征是流畅、优雅的笔法，力度与细腻，虚与实的结合，明式家具从书法和绘画艺术中吸取了这种线性的美。在设计时从整体着眼，据知在直线设计过程之中，设计师和工匠并不追求精美的装饰。明朝家具设计师从中国绘画和书法中吸取了这种线性的张力。支撑荷载的构件和装饰线角、挡板或其他表面设计一样简单而有生气、均匀而优美、端庄而雅致。没有多余的细节附加其上，然而这种椅子却从不单调。

实际上，明朝家具这种弯曲富有韵律的线形继承了中国传统艺术的线形的完整和发展。这种发展可追溯到龙山文化陶器上的图案和汉朝砖或墓室上的雕刻图案，经历了历史的变迁，明朝的马掌形椅背扶手椅，据研究源于宋朝的圈椅，是线形韵律美的完美体现。其背部和扶手形成的圆弧曲线，成为中式椅子设计中最具代表性的元素之一。

椅子中线形的韵律美是以其功能性为基础的，二者完美和谐的组合在一起。这种圆形椅背板的中间纵立的长条木板呈 S 形弯曲，是从人体工程学考虑的典型方法，其设计根据人类脊椎的曲线相吻合，使人坐上去更加舒适。中式椅子能在简单中体现优雅，纯粹中蕴含丰富。

四、中式家具的材料性和装饰美

（一）中式家具的材料性

要使家具取得整体效果的和谐与统一，材料的选择是一个重要的因素，木材的特点是柔软、兼收并蓄，也是中国人性格的一种体现，与中国国画、书法所使用的宣纸的特征一致，内敛、含蓄，挺拔、隽秀的木纹体现出刚柔并济的一面，同时也表现出沉静的气质，处处体现着东方设计的气质。所以，传统的中式家具大都使用木材，典型的明式家具经常使用热带硬木，如黄花梨、紫檀或鸡翅木，每一种都有他们独有的特性。黄花梨是明式家具的首选材料，因黄花梨木色泽橙黄而有闪光，纹理犹如行云流水般的流畅，而深受明代文人学士的青睐和推崇。紫檀是一种非常珍贵的木材，它质坚而密，颜色深黑，黑里透红，有蟹爪纹，表面经打磨抛光后具有绸缎一般的质感，颇具沉稳厚重之美。鸡翅木纹理优美，如"雏鸡的翅膀"，中式家具设计时，把木材纹理作为整体家具的一部分，而且在多数情况下，工匠会尽可能地保留一些珍贵的木材，用于最合适的地方。

（二）装饰手法的收放自如

事实上，明式家具设计简洁，使人很难意识到它的装饰性，因为明式家具的装饰与结构是一致的，擅长利用木架结构的每一部分进行艺术加工，每一处构件都有细节的处理，所有的细节和谐地统一在一起。雕刻，或阴雕，或镂空雕，或浅浮雕，可能是家具装饰最重要的一方面，装饰性雕刻广泛应用在明代家具中，优秀的工匠会避免不必要的装饰而影响家具的整体效果。无论怎样设计，各个部分都能和谐的组合在一起。明式家具会有许多不同的装饰手法，在用作支撑的牙头上，有云纹牙头、弓背牙头、卷云牙头等，在四周边框之间，采用造型简洁、富有变化的各种券口，如壶门券口、椭圆券口、圆形券口等，这些装饰图案都有吉祥如意的寓意。与未装饰的表面相比，这样的细节装饰使整体更加生动，与细长优美的线条相互搭配，创造了愉悦的美感。

（三）金属饰件，增生风采

金属配件的使用可以起到锦上添花的作用，也可以打破朴素的古板，所以中国古代工匠很擅长利用金属配饰。应用这些金属配饰，中国的家具木匠首先关心的是其功能性。使用金属的面叶、合页、包角、吊牌等使盖子、门、抽屉可以开合，整个家具也方便运输和折叠。金属配件保护了角部，加强了节点。同时他们也成了装饰品。有些时候，家具上的唯一装饰就是金属配件，木材的天然纹理与发光的金属配件的对比强调了家具的优雅。而在配件上描绘出的龙、凤、鱼等和其他寓意吉祥的主题。

（四）丰富的表面涂饰

明式家具的表面装饰手法也丰富多样，各得其宜。颜色在中国家具的美学方面扮演着重要的角色，一般是由丰富多彩的漆或挖掘木材本身的自然色来创造。然而，为突出天然材质的内在含蓄的美感，采用蜡饰，即采用透明的蜂蜡和树蜡在素底上进行摩擦，使木质的天然纹理更加明显，呈现出硬木家具朴素简雅的风采；还有的会用漆涂饰，工艺上精磨细饰，全身批灰抹漆达七十四道工序之多。

（五）内在美：精密的榫卯结构

中式古典家具的结构和中式古典建筑是不可分割的，基本上沿用了古代木构架建筑的梁柱结构。所以，中式家具抽象的外表下隐藏了一个秘密：高度复杂的榫卯节点构造，像一个三维的谜，它们彼此结合的如此紧密，但又很容易拆除，几乎不使用金属钉。每一个节点的两部分紧凑地结合在一起，彼此留有余地又彼此互补。

经过几百年的变迁，大批明式家具流传至今仍很坚固，除木材的特定条件外，主要原因是榫卯结构的科学性，可抵御南方的潮湿和北方的干燥。由此可见榫卯结构设计的合理、巧妙及技巧的高超、精湛。

五、装配与运输的模数制设计

在中国，连接两个部分——无论是建筑上的柱和梁还是家具中的柽和横木—— 一般的方法是榫卯结构。榫卯交接并不是中国独有的，但中国的榫卯交接与众不同的地方不仅仅是其节点本身，它的"描绘出斜榫，榫和卯交接的最精细的发展"还在于它的制作，即有效实现节点结合的方法。梅尔文·瓦霍维亚克说："中国节点最精细的一方面是模数制的应用，它将视觉因素和手工技能融合在一起。无论桌面是圆的还是矩形的，壁柜是小是大，骨架和平面都是'积木'。掌握了模数制作的技巧对装配一件大家具来说是绰绰有余的。模数制还有其他的含义：高度发达的模数制，及预制品和可能的工作速度，可以解释为什么 19 名作坊的工匠可以满足路港镇 28000 名居民的需求，还包括宝岛台湾的商贸。"古代中国，像模数制这样的制度还用于其他领域。例如在中国前工业时期对纸张和陶器的大量需求都有文献可以证明。

模数制对交通运输来说也非常方便，在中国节点设计的基础上，每件中国家具都可以在最后一刻装配。尤其对那些很难搬运的大件家具来说非常现实。很长一段时间内，模数制对像中国这样的如此大的家具市场来说极为重要。对于中国手艺人来说，模数制这种技艺容易最高效的传承、执行和应用，从而用来更广泛、更持久的创造民众需求的物品。

第二节　源自东方的灵感——西方设计中的中国主义

一、最早的中国风格——漆家具

发明漆的确切年代无人知晓，漆器早已在出土的商代古墓文物中发现。到了周朝，漆器在中国有了很大提高，而且在战国时产生了"楚式"漆家具。从那时起，漆器在中国各个时期源远流长。也是自公元 5 世纪以来，首先令西方人着迷的一类家具。

中国漆在 17 世纪初，首先被葡萄牙人带入欧洲，接着又迅速传入丹麦，大约这个时期，西方的家具制造商正企图把这种色彩绚丽，绘画生动的清漆用于家具上。到了 18 世纪，这种清漆很受青睐。中国漆比起欧洲漆有优越性，，很多人都极力模仿它们。中国漆在家具制造上的影响贯穿了 18 世纪，并且延伸到了 19 世纪。中国瓷器也被大量的带到欧洲。瓷器的形式美对于西方人而言是全新的。并且在欧洲有些国家出现了以"中国风"著称的家具风格。

家具上的漆饰绘画是一项中国发明。复杂而费力的制作方法是漆画特有的性质：暴露于空气中逐渐变硬，在潮湿的环境下更硬，他能自然呈现干的状态。中国古代漆艺是一门非常耗时的需要付出极大心力的艺术。

长期以来，日本人被视为漆艺的发明者。分析主要原因在于：在 18 世纪末期，中国的漆艺行业逐渐走向衰落，出口到西方的漆器已经不是最优质的了。与此同时，做工精致的日本漆器，因其形小，以金色衬底，在欧洲市场走俏。不言而喻，欧洲人逐渐认为漆器源于日本；甚至用"日本漆艺"来描绘漆艺。一直以来日本人也自称他们是漆艺的发明者。但追本溯源，漆艺是中国一项古老的艺术形式。

欧洲人对东方的艺术的兴趣始于很久以前中国漆器的进入。那是在 13 世纪马可·波罗从神秘东方带回去的故事。到 17 世纪海上贸易航线的建立，欧洲人打开了东方商品的大门，主要是陶瓷和漆器。在葡萄牙人和荷兰人之后英国人把这一伟大的远征活动推广到远东地区，之后相继到达远东的有法国、丹麦，瑞典、德国及美国。欧洲人对中国漆的热爱促成了许多中国风出现在荷兰，17 世纪后，东印度公司引导一种漆家具的浪潮。这些中国漆家具主要装饰有花朵、果实及丝带图案。到 17 世纪末，这一"东方奇迹"的时尚达到了顶峰状态。

在法国，路易十五统治时期，随着漆器的普及，引起了装饰风格的诸多变化，使得中国时尚达到了它的极点。先前巨大的迎接厅、舞厅都被取代为或增添了小厅和房间，在这些小房间内，客人和参观者可以安静享受。这些小房间没有放置路易十四时期的大型家具，而是摆设了造型小巧、有圆弧曲线和华丽装饰的沙发。而色彩绚丽、局部镀金、应用广泛的漆家具对于这种新风格室内装饰是最为理想的。从此。漆家具很快流行于法国社会。由此可以得出：中国主义家具影响了西方洛可可风格。

二、在西方国家的中国硬木家具

中国制作优质硬木家具可追溯到唐代,那时候中国与世界各地的国际贸易都非常繁荣,许多种硬木都来自于东南亚地区和太平洋岛屿。到了宋朝初期,包含所有家具类型的家具体系已经建立。但从出土的文物中可以看出,这种用硬木制作的家具,主要在文人学者之间及宋代住宅之中流传。硬木家具、漆饰住宅家具及用本地普通木材制作的民间家具都出自于中国传统手工艺。这些传统手工艺可以追溯到远古时期,其精湛的技艺、简洁的造型、均衡与协调都源于中国传统的手工艺。为什么中国的硬木家具在西方出现很晚,落后在漆家具和竹制家具之后呢? 因为对一种家具的欣赏取决于社会审美需求的不断变化。因此,中国漆家具满足了欧洲人对住宅优雅华贵的需求,而竹制家具给欧洲人更多清新、雅致之感。因此,中国硬木家具的功能性、舒适性和简洁性被发觉时,也受到了西方人很高的赞赏,而且被应用于现代的新设计之中。这种现象也是社会的变迁,人们文化品位改变的结果。

三、西方设计对中式家具的借鉴

直到 19 世纪与 20 世纪交替时期,大多数中国主义的西方家具与中国清式家具才有了密切联系。明式家具则是中国主义的主流。从格林兄弟开始,越来越多的现代设计师发现了明式家具的宝贵原理,并且将它们作为自己设计的基础。

格林兄弟的家具长久以来受到高度赞赏, "如果结构和工艺决定质量,那么格林兄弟是不可超越的。"格林兄弟在很早时期就发现了东方设计系统中的"过去未知的简洁性"。1902 年设计的科伯特逊家的起居室,通过开间窗户的衬托和顶棚的细节装饰,表达了格林的早期兴趣——中国和日本建筑体系中的梁柱结构,其中还包括了总中国格子装饰及家具中所得启示而设计的直线型的含铅玻璃窗,以及斯提克莱的工艺家具。他们在诸多方面为格林兄弟提供了直接启示,特别是材料和造型两个重要元素,把该公司制作的客厅和餐厅家具与先前的所有家具强烈的区分出来。在这两个共建,首先采用的是优质桃花心木,这是一种经久耐用的材料。在中国明代和清代,花梨木和桃花心木是最常用的硬木。桃花心木的优越性和漂亮表面给格林兄弟留下了深刻的印象,这也是他们开始用这一木材的原因之一。在随后的时间里,格林兄弟开始完善他们的风格。在中式椅子设计的雏形的基础上,他们也尝试了添加来自西方传统家具系统的其他元素,如靠背椅、扶手椅、翼型椅和摇椅都成为格林兄弟家具设计中的典范。

第三节　中国现代家具审美意义上的表现

一、"一个时代的艺术体现一个时代的审美意义"

历史进入 20 世纪后半叶时，关于赞同艺术的一切观念都被打破了；具体被抽行或不拘一格的艺术所取代，结构元素被机遇性和污染性的因素所取代，形象被符号所取代，形式被物质本身的变形所取代。60 年代的波普艺术不仅显示出对现象世界，对当代生活和人自身的关心，还揭示出现代人对现代生活方式的感受；70 年代出现了写实主义、恶劣绘画等感觉主义和表现主义趋势；80 年代，后现代的回归势头引人注目，并成为一种不拘一格，多元化的艺术现象。提倡材料的物质性、是觉得直觉性、反叛性，关心人类在大工业环境中的处境，表现种种社会现象、政治、危机、生活环境、现实、未来等人们共同关心的话题。

后现代主义和结构主义是近年来西方设计界较引人注目的潮流。"通过非传统的方法组合传统部件"是后现代主义常用的技巧，对古典家具的典型形式加以分解、变形和随意处理，以非理性和非和谐的方式对待理性和谐的传统。结构主义的方法在常人看来就更加离奇更加杂乱无章，家具几乎不能成为家具的形式，而变成为一堆多种形体、多种色彩、多种材料的"组合"。

当人们的艺术审美观念发生变化时，追求家具外在形式上的意义变得更加空泛，而随时的功能情感体验也许更贴近艺术本身。模仿、抄袭是中国当代家具设计的通病之一。都是在模仿既成的形式语言上下功夫，而缺乏对中国当代现状的真正体验。从西方某个展览会上得到的图片，就变成了产品的蓝本，最多也就是修修补补，甚至连基本的形式语言都没有完全领会。对于国内同行的产品就更不必说了，完全一样但品牌不同、生产厂家不同的情况比比皆是。对待传统的态度也是断章取义，机械运用某种元素加以排列组合。

中国家具要想走向世界，仅仅靠模仿是难以成功的，重要的是转变对家具意义的观念，家具设计师必须深入社会，深入生活、使家具有深刻的表现性质。当代美学家认为，艺术的意义不在于是对涉指的主题的复制，而是以其表现性激发人们对它进行一问世的阅读。家具要获得意义的深度，就必须具有表现的性质，家具形象也就必须要有创造，发现、整理、组织或深入探索人类情感奥妙的特征。

公众的体验式家具形式表现的参照物。公众的体验式设计师最应重视的问题，对公众体验的关心才是对人类的真正人文关怀。设计者领悟到了各种人类情感的运动变化规律，找到它们具体的活动样式，并将它们体现于家具中，这就是家具的形象表现。概念似乎很复杂，但表现却很明显。例如：我国 20 世纪末，改革开放、市场经济的摄入、西方拜金主义、享乐主义等带来的人的心态浮躁以逐渐平息，社会转型过程逐渐平稳，这种浮躁过后的宁静代表了 21 世纪初的人的心态的主流。设计师把握住了这种现象，这一时期的家具设计基本以"文化"为主题，造型上一改奇特、激烈、花哨而趋于平稳庄重，色彩由黑、白等极端色和视觉冲击强的颜色回归到木材自然色或中性色彩，装饰由尽显豪华之追求而转为清新、得体、精致，各种传统的要素恰到好处的隐现其中，家具的文化品位替代了形式上物质奢华的意义。

对家具的表现更多的是通过家具形象，家具形象是设计师创造出来的"表现性"形象。家具形象的创造既然是创造，就不能是简单的模仿或是某种技巧的炫耀，而是通过设计构造一种情景和氛围。形象的表现性不同于形式美，形象的表现性创造性是建立在体验的基础之上的，是对场所特征的综合认识。对于家具来说，就是要不仅仅考虑家具形式的因素，而是要让历史、文化环境、技术的可能性、生活方式、生活条件等都同时在这一体验过程中起作用。认识到这一点，就可以超越形式美，而将家具设计置于它应该在的位置上。

超越形式美的家具设计是赋予家具时尚美的重要思想、是家具区别于一些纯艺术品的有效方法，也是家具原创设计的途径之一。

在人类的发展过程中，表现的形式、内容以及人们对这一概念的认识是在不断演变的，这一演变与人类对自然规律逐渐深入的认识过程相吻合。研究近年来优秀的家具设计作品，我们不难看到这一事实：随着后现代主义逐渐抬头，一种不拘一格。多元化的设计现象已成为主流，许多现代主义所不容的隐喻、象征的原则、装饰手法等都被重拾了起来，并逐渐成为一种国际的现象。透过形形色色的流派，我们同时也不难看到另一点，那就是对生活的关注，对生活在这一时代的人类情感的理解。透过多元化的表面，我们也注意到了一些庸俗的倾向，就是把多元理解为各地域、各流派的同时亮相。我们认为，真正意义上的多元，是价值观念上的多元，单单追究某流派的表面相似是难以得到成功的。

二、中国当代审美文化特征

可以这样描述当今家具文化的特征：大众娱乐、时尚、重感觉轻理性、重"时髦"轻传统、重商品价值轻文化内涵、享受生活享受家具。

在中国社会历史发展的各阶段，对家具的拥有也经历了一个从少数人拥有到多数人拥有的过程。甚至是清朝及清朝以前，家具的生产、使用、欣赏等都是少数人的事情，这就造成了"明式家具"文化是文人家具文化、"清式家具"文化是皇族贵族家具文化。当代对家具产品的需求和拥有能力，已经远不是少数人的事情了，通俗地说，对家具好与不好的评价更多的是受大众情绪的牵制，不同的判断标准充其量只是上述大众审美标准中的一个"细分"。也就是说，在当代的中国，关于家具文化的大众文化特点已经十分明显。

一般而言，一种大众娱乐性质的世俗文化的兴起，至少应该具备四个方面的条件：一是经济的发展；二是都市文化和市民阶层的形成；三是社会文化审美趣味的更新；四是大众审美文化心理的上升与对占社会主导地位道德观念的淡化。

都市文化和市民阶层为世俗文化打开了家具商品化的市场。最直接的反映是时尚化。都市文化是市场时尚的温床。受其他领域的影响，家具的时尚化特征表现得淋漓尽致：板式组合家具在一段时间内是唯一的选择、聚酯倒模家具席卷全国、表面贴纸家具胜过实木表面的家具、"新古典"家具的鹤立鸡群、"白色风暴""黑色旋风"、清一色的"榉木""黑胡桃"、布艺家具的方兴未艾、玻璃家具的崭露头角等，这些都给我们留下了深刻的印象。那么，它们的美在哪里？可能比较一致的回答是因为它流行。目前为止，仍有大多数的家具企业家、家具设计师在苦苦寻求着所谓"未来家具的流行趋势"，在揣摩着明天的家具市场将会流行什么款式。时尚已经深入人心，无论属于何种层次的人士，都难以冲出"时尚"的"围城"。

上述这些现象都可以归结为当代家具文化的表征。当代文化的表征对当代家具文化的发展反应是直接的、显而易见。但它不是当代家具文化的核心，它既不能主导家具文化发展的方向，也不能把握家具文化变迁的趋势，充其量只是对当代家具文化现象的反映和征兆。它不是当代家具文化的本质，并不能完全体验和代表当代家具文化。

概括起来，家具产品审美特征的体现同样需要具备以下条件：其一，设计者和消费者对家具审美意义都具有认识，哪怕是认识的程度不一；其二，家具产品本身具备的审美功能的强弱；其三，设计师和消费者对家具审美意义认识的共同点；其四，设计师对消费者接受审美水平的理解。如果不具备上述条件，家具审美的生产便会缺乏生产主体或生产的消费主体这些必要的环节，家具审美的生产自然无法完成。

第四节　新中国主义家具创新设计探索

一、保留材料的代表性——"半木"家具

（一）"半木"家具的来源

就材料而言，中国家具分为四种：漆家具、木家具（包括硬木和软木）、竹家具（包括藤家具）以及其他材质的家具（包括金属、石材、陶瓷家具）。通过材料的代表性来体现中国主义，保留东方文化。竹是木中的一种材料，在中国，竹子因其重要的艺术特性而闻名。在中国画和中国书法中，竹子可能是唯一永恒的主题。

"竹"这个字的特色在于它很像竹叶的样子。许多著名的中国艺术家的字画都是从竹的形象中汲取灵感，有关它的象征意义更是不胜枚举。早在宋朝，他就是"岁寒三友"之一，另两个是松和梅，因为它们耐寒常绿。它也和梅、兰、菊一起并成为"四君子"。竹子的天然本性展示了它的优点：它具有强度和韧性，能经受强风而不折；它正直守信，中

空的去干包入了真理和理性，能力和谦逊。因此，用新方法将传统木结构演绎，用木和竹体现出的文化精神体现中式韵味，呈现中国主义，被称为"半木"家具。

大多数中国竹椅都是在中国南方制作使用的。然而，竹家具遍布全国，一些北方的竹制品更具古典设计的神韵：简洁、实用、充满现代感。

就地取材，家具中加入木的元素，用现代构成的方法和满足现代消费需求去诠释中式传统家具的木结构，加上新材料的合理搭配与运用，可以使传统家具散发出新的光彩。

（二）藤家具在西方的应用与发展

美国革命之前，茶叶、丝绸、陶瓷和来自中国的漆器或竹藤等各种家具，都经过伦敦大量运往殖民地。像美国人一样，17 和 18 世纪早期的英国殖民者都非常喜欢这种藤制的椅子。的确，它们外观优美，设计简单易于生产；而且它们便宜，适于各种环境，不但为度假者避风遮阳，也具有一定的私密性。从 17 世纪开始，藤家具就周而复始的流行，往往受到中国样式的影响。最直接的联系——与中国建立贸易往来。

大量在 18~19 世纪期间船运到美国的中国竹藤家具是十分宝贵的。有的中国式的躺椅已使用了几个世纪。它们用坚韧和轻质的竹框架构而成，有宽而平坦的扶手，后背可调节，上附枕靠，整体舒适，延伸部分可从长椅面下抽出——也是藤制的——坐在上面的人能够全身舒展。其他一些休闲椅的表面也是藤编的。南方人很喜欢它们：清洁有弹性——是酷暑午后在阴凉处消暑的标志性休闲坐具。扶手的宽度和高度可用于支撑书、报纸和清凉饮料。舒适并不是唯一的优点，很多人喜欢称赞竹藤躺椅超前的艺术品质。除了上述的躺椅，另一种中国藤椅在美国也很受欢迎：藤编沙漏椅，成千上万把这种奇妙的椅子从广州、香港、上海和其他一些远东港出口，在美国的建筑室内外、走廊、庭院、花园和草坪中都可使用。它的名字来源于它奇特的外形，用藤编织的开透的圆柱形，其中心就像一个沙漏紧紧地束缚着。座面的顶部和底部由环形藤条编织而成，分开的坚韧取代了腿。后者常用竹或实木制成。直立的环形边缘，条形的弯曲藤框架，靠背都是藤条紧紧地编织在一起。它的结构中未用钉子，整个椅子中用中国特有的技术制成，各部件严格且紧密地束缚在一起。同时手法中也增加了一定的美学尺度，以确保所有的部件，无论是藤还是木都是相同的颜色，肌理和表面光泽度。藤椅很快成了 19~20 世纪美国藤制品的主要特色。

随着大量的中国竹藤家具出口到美国，例如 1850~1930 年间，上千件竹躺椅和藤制沙漏从广州和香港运抵美国，可以下结论：中国藤制家具影响了美国的家具生产与设计。

（三）以木为基，发展材料的多元化

从竹制家具来分析，竹子成本低、取材方便，质量轻，方便运输。嫩枝可蜿蜒成型，主干坚固结实，制作时工序简单。综上所述，竹家具普遍应用于沿海地区，适宜竹子生长地区的应用。而在欧洲则没有必要发展完整的竹家具系统，首要的是他们不是产竹国家。然而，欧洲人并没有忽视竹家具的制作工艺，而是采用了一种不同的态度。如果竹加热了

能弯曲，那么木材呢？由此出现了家具史上的里程碑——托奈特曲木家具。

现代竹藤家具的创新设计理念是从竹藤家具能弯曲的特性入手，使用新型材料替代，从而达到更为坚固、美观的效果。例如：著名的美国建筑师弗兰克·盖里通过对竹、藤和柳条的使用受到启发，利用其他可弯曲的材料制作成革命性的"POWERPIAY"椅，混合编织了类似竹篮的结构，它足够结实到能够自我支撑，同时提供了弹性舒适感。澳大利亚设计师马克·纽森在1992年制作了他的"榉木椅"，是用蒸汽弯曲的榉木条编织而成的，虽然，它主要利用水平方向的成分来加固。然而，在这个方向最重要的一步是金属材料的使用及相关发展。

中国传统家具的用材类型较为广泛，但以木材为主，在中式家具发展的鼎盛时期——明清时期，最为常见的是以红木为材料制作的家具，上至清廷官府，下至庶民百姓，虽品位高低不同，格调雅俗有别，但都投入了崇尚红木家具的潮流。在各个阶层中，可以不知道什么是黄花梨木家具，而对红木家具却无人不知，甚至有人将传统高级硬木家具一概称为红木家具。但发展到今天，针对珍贵木材资源严重缺少的现实，合理的利用其他木材、其他木材品种和人造板材，是中国传统家具现代化研究的关键所在。

在某种意义上说，对于材料的使用反映出设计师对设计的理解和设计水平的高低。现代材料可谓五彩缤纷，如各种新兴木材、改性木材、玻璃、塑料、合金等，这些都应纳入传统家具开发的视线之内。

二、新中国主义家具创新设计

（一）造型元素的符号化

中国传统家具的造型可谓丰富多彩。从品种上说，它几乎包括了现代家具的所有类型；从材料上说，它涉及了包括木材、金属、石材、织物、藤材、珠宝在内的所有材料；从装饰上讲，装饰手法千变万化，装饰图案应有尽有；从单个产品来讲，或圆或方，或曲获直，或简单或烦琐，或朴素或华贵、色泽或深或浅。因此，零散地、个体地去分析中国传统家具的造型只能是只见树木，不见森林。

（二）结构拆装化

中国古代传统家具主要以榫卯结构为主。一方面，它具有合理的受力状态、足够的结合强度、精湛的工艺性能；另一方面，它是一种固定式结构，不利于生产和产品的标准化、系列化以及产品的远程运输，给大量生产和销售带来了极大的不便。开发具有中国传统特色的家具产品并让其扩大市场覆盖面乃至走向世界，产品结构的可拆装化是必不可少的一个环节。

实现结构可拆装化建立在两个基本的技术基础之上：一是连接件的设计和使用；二是家具结构的定性、定量分析。

具体工作包括：探讨部件间结构的可拆装化，简化零件间的结构，分析零件间的接合采用现代简化结构的合理性和用于生产实际的可行性；家具结构稳定性的分析；家具零部件强度和稳定性的分析。

（三）生产过程的现代化

中国传统家具的生产以手工制作方式为主，生产效率相对低下，远远不能满足现代生产的需要。现代生产技术条件是中国传统家具现代化研究的技术基础，同时也是此项研究得以实现的必要条件。研究工作可以从以下几个方面入手：

（1）高效能生产

这里的高效能生产不同于现代设计意义上的大规模、高产量、高消费和高利润。它强调生产系统的高效能，及生态环境资源的高效利用、对材料的高效利用、产品使用功能的高效开发、生产过程的高收益等方面。

（2）人性化生产方式

生产方式是人类生活方式的一种，与现代社会相对应的生产方式应是一种强调生产者的感受、强调生产过程中的个体差异性的一种方式。

第五节　"中国主义"的内涵

一、西方人眼中的中国文化

中国与西方接触的发展历程中一个重要的里程碑首先要追溯到 13 世纪的马可波罗，他对中国之行的描述震惊了整个欧洲，由此开始了中国风和中国主义的漫长历史。16~18世纪之间许多耶稣传教士到了中国，中国在一个如此庞大的帝国维持一个统一的政权能力，它的儒家的价值观被接受的普遍性，以及中国极少的宗教冲突的事深深打动了他们。所有这些激起了他们对中国的敬重，而他们翻译的许多中国古代典籍对当时的欧洲有相当大的影响。在 17~18 世纪，欧洲社会和知识界的精英事实上对于认真学习中国文化都很乐意。确实，18 世纪的中国享受的物质文明水准比欧洲或者美洲都有过之而无不及。

这些杰出的中国思想家的著作对于欧洲启蒙运动是个促进，早期启蒙时期的领导人物，比如伏尔泰，莱布尼茨，以及克里斯蒂安。沃尔夫都深深崇拜中国文化。启蒙运动是在知识分子中间的一次唤醒激励的运动，它推动了欧洲进入到了一个早期现代社会，而且他改变了人类历史的进程。

二、生态学和中国古代思想

1998 年北半球的许多城市经历了他们史上最热的气候，包括北京，6 月份的气温高达 42.6°。实际上，在 1981~1998 年年底之间全球的气候大都发生了变化。1990~1994 年的夏天创下了北欧最热的记录，而在 1994 年的秋天是瑞典在 250 年里同期最温暖的。同样在这期间，除了被气温下降到了 -37°的寒流短暂打断外，北美和欧洲的冬天普遍比平常暖和。澳大利亚被长期干旱而造成的风暴性大火所困扰。阿根廷北部和巴西东北部也比平常要热，而在 1987 年以来每个冬天都比以前纪录的要温暖。1994 年 5 月，我们了解到全球变暖和臭氧层空洞扩大的速度是 1987 年预计的两倍。我们的地球除了日益增高的温度以外，还有许多其他的灾害在地球上发生：洪水、带有沙漠化倾向的干旱，台风和飓风、空气污染以及噪声污染、水污染和辐射污染。到目前为止，我们这个时代最严重的生态灾难是生态系统的毁灭以及由于从 1968~1971 年在越南、老挝和柬埔寨的南亚森林使用了生化药物而无法挽回的落叶。

当前，我们给地球施加了太多的压力；我们确实处在污染整个地球的危险之中。大部分现代设计师忘记了我们做设计的老规则，他们将自然的、环保的、有益人体健康以及其他因素考虑其中。面对这一情况，一些人开始提出新的理论以保护我们的地球，越来越多的人转而求助于古老的智慧，比如风水和阴阳学说，从这里许多西方人找到了大量可用于生态和设计的理论。21 世纪里，对健康的研究将会成为人类的首要大事。鉴于新世纪的众多严重问题，比如严重的污染，人口增长等，拥有健康的生活自然而然地成了普通人最大的需求。那么好的设计的标准是什么呢？我认为首要的标准是自然和健康。

1979 年，一位英国生态学家出版了他的一本有关于盖亚假说的书。盖亚是一位古希腊神话中的女神，她就是地球，代表着地球上的所有体系。简要地说，盖亚思想就是地球上的生物和非生物都是彼此相联系，彼此相合作并且彼此依赖的。整个环境的健康要依赖于地球上的生物之间的相互作用，这就意味着所有生物、岩石、空气和海洋都是地球的一部分。实际上，盖亚理论是中国古代阴阳和风水学说的一种继承产物。

三、风水学说：生态和设计

风水是关于我们生活和工作和环境如何，对我们的身体、情绪和精神的舒适进行影响的理论。不同的地方、室外或室内、家具和其他一切事物都让我们感觉不同。风水是研究能量的移动以及这种移动以何种模式进行，来影响我们生活的每一个方面的。量子物理证明了任何物体都是由能量构成的。所有自然物质，即使你看不到它，都是能量的振荡。风水更关注的是这个不可见的世界，因为它比我们用肉眼能够看到的世界对我们的幸福安康更重要。风水帮助我们了解我们的家，了解到家具是我们自己的直接的延伸：他们是反映我们是谁的镜子。

根据风水学，我们的生活和命运是和宇宙和大自然的运转息息相关的。所有的排列，从宇宙到原子，都是和我们有共振关系的。联系人和他周围的环境的力量叫作"气"。气有不同的种类：一种在地下流转；一种在空气中流转，还有一种在我们自己的身体里流动。我们每个人都拥有气。气维系着我们的身体。然而我们彼此所有的气的特征和它在我们身体中运行的方式不尽相同。气是维系身体、环境和情感平衡所需的基本的呼吸。风水学的要点就是利用和加强环境里的气来增强我们身体里的气流，从而改善我们生活和命运。

和谐和平衡都是风水里至关重要的因素——它们在联系人和宇宙的过程中无处不在。这个过程被称为"道"。古代中国人通过道将人与天和地相连接，将所有的事物分成两种互补的属性——阴和阳。道是联系人和周围环境的一根线，这个环境可以是一个住所或者一件办公室、一座山或者一条河，是地球或者甚至是宇宙。因此设计任何东西时都应该依据道的理论。

在现代条件下，当风水理论与设计活动相联系时，它可以表达得更加清楚；生态环境平衡是地球上所有人类生活最为基础的；无论是人类的生活还是文化都不能没有这种平衡，而且如果这种平衡的环境质量很差，那么就不会有好的生活或是健康的文化。设计涉及产品、工具、机器、工艺品和其他装备的生产，而这种活动对于生态是有显著而又直接的影响的。设计必须是积极而整体化的。设计必须成为人的需要，文化和生态之间的桥梁。

四、道教：中国设计概念的来源

事实上，中国文化的每个方面差不多都与人体和自然有紧密的关系，其中道教对中国人的生活有着深刻的影响，虽然大多数情况下它都是一种自行发生的无意识行为。道教是中国最古老的宗教，它比道家哲学出现的晚一点，但它保持了老子和庄子的思想作为信仰代表，而道教信徒尊老子为本教的创始人，从人类历史刚刚开始时，就存在一些祭祀，实际上是一些道教的仪式，祭司和神话是最晚被禁止和改变的。据传孔子曾有一次问老子有关祭祀的问题，孔子只是解释祭祀的真正含义的理论，而老子却描绘了整个祭祀，庄子的思想与中国原始神话和宗教，或者神秘祭祀则有着更多关系。这种神秘的祭祀以大自然为基础研究了自然的性质。在他们的世界观里，并没有创造一个全能的上帝，而只有关于自然演化的合理的推论。以庄子的思想为基础，道教也吸收了其他一些来自于墨家、巫术、炼金术，甚至后来的佛教的思想。

道教认为世界上只有自然法则，或者说是道，它是一个自然地过程。每件事物都会依靠一个绝对规律——自然法则来进行，这也是一种系统的思想。更重要的是，我们人体也是一种自然体。道教对于人体尤其重视。如果你的身体虚弱并且寿命很短，那你肯定是在涉及你的寿命的方面发生了问题，因此出现了炼制长生不老的丹药、吐纳调息来调节阴阳，所有这些尝试都是为了找到一种使人不会死亡或者长寿的方法。中医可以认为是从这些思想中发展来的。另外，中国人一直认为子女的孝道非常重要，这种想法的内涵也是为了保护人的生命以及壮大自己的家族。这就是很容易理解为什么中国的家具设计师在那么早的时期就将人体工程学考虑进去了。事实上，几乎所有日用品人们使用起来都非常好用，因为它们即使用起来便利，同时根据道教理论来看非常健康。

五、中国的阳历节气和中药：为健康生活而设计

中国的阳历节气和中药师中国古代人智慧典型的显示——它们展示了如何充分利用大自然与人体的关联而身处生态和环境的平衡之中。

汉字里的"日"实际上就是"太阳"的意思。中国人使用了数千年的农历，并不完全是阴历，它综合了月亮和太阳的因素。而历法里如此重要的二十四节气则是100%因应太阳的运行的。理由非常简单：我们的先辈完完全全从自然界搜集他们的知识；他们推断出了自然界的月圆月缺之间和每个人的生死之间的直接关系；鱼何时会透过裂开的冰游到水面上来；燕子何时会回来；农作物何时会发芽成熟凋败；此外，人们能预期何时会有热浪来袭？这样他们可以对传染病的流行兼备防备；何时严寒会来临？这样所有农夫、渔夫和猎户可以储备食物过冬。这些人们关心的事情都不是由月亮而是由太阳决定的，由日照的时间长短和强度决定的。

二十四节气的最初内容非常简单，但经过了许多年以后它慢慢发展成了有着极为丰富的文化背景的聚焦点。它们指导着农业生产，天气预报的参考日期和各种庆祝活动的节日。年历、天气、农业、正常的社会生活都在遵从着阳历节气。直到现在，阳历节气仍然在农村使用，但更重要的是，它们对古代中国人的生活有着至关重要的影响。这个影响来自于它们所保持的对自然地敬重，这体现了古人希望与自然界保持和谐，"光阴由天而定，事物随光阴而变"。

第六节　设计探索：中国椅和现代椅

通过学习家具发展史，我们可以发现椅子不仅是我们身体的延伸，而且是具有文化内涵的艺术品。整个世纪以来，当坐在椅子上成为普通人的正常权利时，它就对人的身体和人的意识都留下了烙印。在不同时期，椅子让我们对身份与荣誉、舒适与要求、美观与实用，准则与休闲这些不同的设计思想有所了解。中式椅经历了它独特的发展过程，这样的过程与欧式椅截然不同。当欧式椅在试图寻找不同的，例如模仿历史上各种风格或直接从大自然选材的主题时，中式椅已经在设计符合人体需要的风格上日趋成熟。

与那些有着多种设计风格诸如埃及风格、希腊风格还有罗马风格可以参考的欧式椅子不同，中式椅发展主要注重实用性，是为皇宫和学者圈子、宗教界，最重要的是平民百姓设计的。因而，中式椅的主流总是指向功能以及符合工程学原理的设计，这种流派在明代

达到巅峰时代。于是中式椅变得"古典",于将来的角度来看,又十分现代,自然而然,这种中式椅激发了现代设计师更多的灵感。现在,我们正面临着这样的事实,那就是当今的多数椅子其实对健康是有害的,因此,我们可以从中式椅凸现的设计原则里找到一些新的观点。

一、中国椅的启示

无论是西方还是中国,多数现代椅子都不合理,让人坐着不舒服,面对这个事实,应怎样改进呢?中国传统"治疗"方法有合理的答案。根据"治疗"原理,中国人提出了许多有关椅子的设计规则:实用的人体工程学原理。留出合适的活动空间,及具有精神含义的高超手工艺。

我们最好再次注意舒适的含义,18世纪后,西方把舒适定义为"方便",人类要掌控自己最亲密的周围环境,以使它们最易为人类服务。但是,舒适的定义在不同文化中有不同的含义。获得舒适感的方法很多,东方化的见解是人应该总能控制自己的肌肉。因此东方所能接受的是使身体感到松弛和惬意的姿势,采用一种"天生的"姿势就可以充分享受舒适的感觉,如身体在双腿之上的跪坐姿势可以放松肌肉系统,不需要靠背和扶手,身体完全可以自己放松。此外,斜倚的姿势不单会使人产生困倦感,也可以在就餐和开会时使人放松。另一方面,对舒适感西方化的解释是基于腿自然垂落的坐姿。要保持这种姿势,身体必须有外界的支持,而支持的框架——椅子——记载了不同时期"舒适"的不同概念。这样就很容易理解为什么中国人在一千多年前由席地而坐转变为垂足而坐,使得中国有如此丰富的椅子设计。

埃及的宝座和希腊的克里斯莫斯椅是欧洲椅子设计的两个基本形式。罗马帝国没落后,欧洲家具及其发展停滞了一千多年。在此期间,几乎没有多少人拥有椅子,而且仅有的这些椅子还是以其他家具为模型的:贮存柜和教堂唱诗的长椅,这些椅子确实就像是在储藏柜的右角上安了一块平板。直到16世纪,欧洲的正规椅子才被"彻底改造"。到17世纪60年代,繁多的转世成了椅子的重点,主要仿照流行的时装和各种建筑式样,这样形成了所谓的风格家具。其他国家对欧洲装饰风格的影响主要来自于东方,经由葡萄牙、荷兰和英国殖民地传过去;同时中国和日本的漆器也有很大影响力,因为它们强烈地吸引着欧洲家具制造商的目光。实际上,直到此时椅子才变得普及了,就像生活变得社会化了一样。后来的巴洛克和洛可可时期,地位成了家具设计主要考虑的因素,而不是舒适度和人体工程学原理,匹配相当的装饰变得比合适于人体更重要,你坐在那里,周围的装饰就是最昂贵和荣耀的象征。

当椅子从建筑中分离,坚硬垂直的椅背当然保留了下来,显然它绝不会舒服。当"舒适"出现在维多利亚时期,英国设计师开始使用新奇的装饰,它们改变了椅子的性质,使椅子变得"沉重而臃肿",同时,仍不舒服。到20世纪,早期的现代主义者对身体机能的反映并不感兴趣，他们对舒适性的见解很少，而对精神和美学优势侃侃而谈，家具又以新的风格出现。

在同样的时期，中国椅子却经历了完全不同的发展阶段。最初是席地而坐，一千年前变为垂足而坐，很自然的，中国人从真实的生活需要中创造并发展了不同的椅子风格。正规的中国椅就是为日常生活而做，所以应该实用、舒适、满足人体工程学需要，哪怕宋代的皇椅也是以舒适性和人体工程学为基本设计原则的。官帽椅、圈椅、躺椅以及许多竹椅，都是从实用和舒适的角度出发而设计的。在现代，虽然存在各种因不同目的而做的椅子，比如手工椅，批量生产的椅子，手艺人精雕细凿的椅子，设计师的概念椅，以及艺术家的装饰椅，但都是满足基本功能，可以保持一定时间舒适感的。在中国人的生活中，椅子被理解为提倡运动的一个活跃的元素——不仅在外表，内心也同样。对中国僧侣来说，无论是精致的椅子还是乡村制造的普通椅子，都变成了倾听人们内心世界的方式。

根据中国的"治疗"理论，把我们的身体机能看作一个系统。无论做什么，包括坐在椅子上，身体一处的问题都会在另一处表现出现。例如，膝盖难受可能是由于骨盆的问题，而骨盆的问题可能是由于骨盆的问题，而骨盆的问题可能是头与颈连接的不平衡造成的。设计不好的椅子造成错误的姿势，即使只有一个部分不合适，也会带来全身不适。这种系统的观点表明在进行椅子设计时，不能把注意仅集中在某一部分——只考虑坐垫软硬对坐骨的影响，或坐高影响到脚是否落地？而是必须考虑整个系统。

怎样解决这个看似不避免的设计问题呢？中国的方式很简单：留出合适的活动空间，因为我们设计椅子是从舒适并利用健康的观点出发的，当然还要实用。中国人也设计过许多被西方人认为实用和舒适并利于健康的观点出发的，当然还要实用。中国人也设计过许多被西方人认为实用和舒适的"现代"椅子，还有一些西方人觉得不舒适的"后现代"椅子。例如著名的玫瑰椅，它以恰当的倾角和直靠背为特征，为什么会被认为不舒适呢？第一个原因是我在上面引述过的：东方和欧洲关于舒适的观点不同。第二个原因是现代人为了更好地放松，生产了各种各样的沙发和有厚重椅垫的椅子，从而更加增强了舒适性。第三个原因，可能是最重要的一个，玫瑰椅并不是用于休闲的，而是用于工作和其他场合。不难看出，为了保证机敏性和直立感，长时间工作时这样的坐姿才是最舒服的。在许多外交场所必须时刻保持机敏。而且，直立而坐也是很健康的方式：可以保持脊椎直立，自我支持，头被脊椎支持着对一些行为是一种有效的方法，如思考。事实上日常生活中人们也需要时常直立而坐。

二、靠背设计：中国椅和现代椅

椅背设计的中国原则有以下三点：第一，靠背与座面的夹角不能太大；第二，靠背应该稍微"敞开"，以便有更多的空间留给人体活动；第三，靠背的衬垫不应该太厚。以上三点都是基于要求人体放松、舒展和舒适的原则，但这个原则不能一成不变，必须不断加以调整和改善。尤其是安乐椅，靠背与坐面之间必须要有夹角，但如果太大，坐久了就会感觉颈部不舒服。另一个与此角度相关的元素是靠背的形式。中国人发明了搭脑这种特殊靠背，在以下几个方面具有合理性：从生态的角度考虑，节省了原材料；用开放型靠背创造更大的活动空间；采用了优美的"C"形和"S"形塑造靠背。"S"形靠背极大地满足了舒适性要求，轻微弯曲更加有效。虽然"C"形曲线靠背被认为是不舒服的，其实，只要运用得恰当，不要太长且微微弯曲，就可以变得很舒适。

在笔者看来，现代椅子靠背设计中真正的问题是过分严格地遵从人体工程学，反而适得其反。人体工程学也是在不断发展的，也需要不断地完善。当今的家具市场，尤其是办公椅类，就是因为功效椅在完全符合支撑曲线的同时还造就了刻板的坐姿，所以不够舒服。这些椅子的靠背完全符合人体背部曲线，让人觉得"从那一刻他就是为我而设计的"，然而不幸的是"这第一时刻"总是极其短暂，随后而来的便是不适和疼痛感，这就是中国人创造窄靠背的原因。没人愿意固定在一个姿势，很短也不行，就想没人愿意进监狱一样。"设计完美"的靠背就像镣铐让人没有活动余地，舒适感到底从何而来呢？秘诀仍然是座面与靠背的夹角和合理的活动空间。笔者发现红蓝椅没有坐垫，仍然是现代早期最舒服的椅子，就是遵从了这个原理，尽管没有人说它是舒服的椅子。

座面和靠背都不需要太厚的衬垫。设计中需要用到垫子，可以带来舒适感，在座面和靠背上加太多的软包装，会让人感觉坐在摇篮里，但是它会引起身体的不通畅。静态姿势是最普通的，也是最容易出问题的，因为静止不动引起肌肉工作的变化，血液循环，运动性，及精力的变化。要在懂得肌肉张力，等效分布的基础上构思和设计家具，总比什么都不做好。为了舒适，所设计的椅子，必须是靠骨骼来分担身体压力，而不是靠肌肉。

来自芬兰的家具设计师库卡波罗设计了可调节的办公家具，说明了一些重要的功效学特征：座高必须正确：坐在椅子上，人的腿必须能够踩地，血液循环才能顺畅。

垫子的厚度和质量要合适，不能影响对骨盆的支撑力。座面前沿不能挤压大腿阻滞血液循环。靠背必须要支持到腰部，这是最容易产生不舒服的地方。要有充足的活动空间。肩膀和肩胛的空间。头靠要根据功效学原理确定正确的高度。扶手的高度要使胳膊可以支撑到身体上部和肩膀。座面角度一定要正确，例如书写办公桌可以是0~5°，安乐椅的角度就可能达到25°。座面和靠背之间的倾角要足够大，可以使椅子成为近乎水平。座面不能太宽，而且扶手要两个一起使用。

一些中国椅特别为沉思活动而设计，即使极为平常的中国传统椅子也将通过享受精美的手工艺而为人们提供更多的调节身心的机会，因为所有的中国传统椅子都是手工制作的。当我们使用这些中国椅时，便不由地对这种令人敬仰，更甚为羡慕的工艺方式展开研究。无论如何，这种工艺的价值是它运用了一种更为通俗易懂的语言：人能够知道一把椅子是如何设计制作的。人能够得知它的生产方法，即使你无望亲自制作它。然后随着设计作品的批量生产，这种制作进程和方法对绝大多数人总是一个秘密。现今，传统工艺在一种困窘的状态下为人提供了点滴慰藉。因为生活在现代社会的人们坐在一把中国古典椅上，将使得他们体会到随意与舒适。准确而言，对传统形式的家具或其他餐具的持续需求是对亲情的渴求——对一种可视化语言的诉求。其实，传统工艺的强大优势在于它们把人们长期以来的已经熟悉的中国家具设计中的参与文化接受的造型、形式和功能转化为一种普遍的可视化"语言"。

第七节　中式家具体系及其在现代家具设计中的传承

一、中式家具体系——世界两大家具体系之一

尽管不同国度有着源于其本土文化的家具风格，但是在世界家具界中只有两种文化创造了对现代家具设计产生巨大影响的家具体系。

他们是欧洲家具体系和中国家具体系。在当讨论一种"体系"时，有如下这些标准：体系应该是原创的，有完整的发展过程，且符合现代生活标准；它应该对现代家具产生过巨大影响，"体系"区别于民族风格。笔者由此认为，中国家具体系是世界两大体系之一，在不同时期对现代家具的发展和欧洲家具做出了巨大贡献。

中国椅，普及了椅子在中国的使用在公元前 1500 年以前，当中国人发展了成熟的椅子体系，大多数人已经在使用椅子，还很少有欧洲人看到过椅子，更不用说使用了。在19 世纪，西欧人尽管没有重返至坐在地板上，但它们仅仅拥有简单而又笨拙的椅子的工具。三腿萨克逊椅仍然很保守；大而重的宝座椅有太多装饰，但大多出现在图片上，多数人会使用一些简单凳子工具。法典上的措辞比较保守，但从中我们仍然可以看到萨克逊法官坐在一张长凳上，而且法国的"正义的含义"表明法国的尊严体现在法官使用一张床作为座椅上。在欧洲美观优雅的家具来源于意大利，还可能受到拜占庭风格的影响，这些家具在15 世纪以前的大部分欧洲地区没有出现过。然而那个时期的中国已经使用优雅美观的椅子和桌子四百多年了。

欧洲椅子体系主要的三个来源分别是古埃及、希腊和罗马文明，它们各自发展了椅子体系，现存的物品是同时期坐具清晰地证据。椅子是埃及皇家标准实用的家具器具——古希腊和古罗马花瓶和墙体上绘画表明他们也是在那个时期使用椅子，尽管现在一无所存。但是在罗马帝国没落的一千年里椅子的发展很快在欧洲中断了，正式的坐具仅限于王公，主教和有权势的人使用。

直到公元 1500 年之后，财富在不断增加的欧洲人口中不断平均分配，特别是与中国进行贸易极大地加快了上述进程，随后通过工业革命的影响，椅子迅速发展。

东西方贸易的不断发展对欧洲的椅子设计和生产产生了相当大的影响，同时扩大了欧洲的艺术界限。例如在 17 世纪，中国漆家具和其他漆器被广泛应用。同样地，在 17 世纪

中国椅也很优美，但这在当时的欧洲式没有的。17世纪之后的几个世纪，觉来越多的中国椅传入欧洲。采用天然易得的材料，造型简单，款式多样的中国现代椅告诉欧洲：椅子是容易制造的家庭常用品。

到1700年，欧洲已经开发出多种形式的椅子：镀金的法兰西椅子；侯爵的福兰德式椅子；镂空花纹的意式椅子。更重要的是，有规律的贸易在欧洲与早期的东方发生，同时也经常发生在欧洲与美洲之间。到20世纪末，椅子已经不再是一种权利的象征——它已经变成平民化的日用品。毫无疑问，中式椅子在欧洲普通百姓普及椅子使用方面具有决定性的影响，这种影响一直持续到现在。

二、新型文化交流：传统与现代

文化交流创造新的艺术和新的设计风格，这已经是老生常谈。

日本对西方艺术的影响与西方对日本生活的影响一直直接和几乎一样迅速发展。1858年，在美国舰队司令皮瑞打开了日本的门户之后——日本结束了200多年闭关锁国的历史——来自制陶业、金属业、建筑业的日本传统赶上了西方国家并带来了构图、着色、设计等新概念的震撼。一个人只要看看莫奈、凡·高的著名的油画——或者劳特累克的彩色木板印刷或者新艺术风格的玻璃瓶或漆木梳，就知道这些概念如何影响了欧洲的艺术家们。

这是一个完美的设计世界，各种中国家具尤其是多样的椅子，充满了另一个时代另一个国度的光彩，但它们并非是传统的家具物品而已。它们给予我们一种遥远而匮乏的快乐，它们实际上为我们的现代设计提供新鲜、有用的建议。艾萨克·牛顿曾说道："如果我能够比其他人看得更远，那是因为我站在巨人的肩膀上。"家具设计师同样也站在前人和其他人的肩膀上，他们不能摆脱现有的对家具的了解。无论他们做什么，它们所做的都与现实的事实相联系。在家具设计中人们更容易从土里中获得灵感。

综观过去50年，家具设计师们已经取得了巨大的成就，因此给世人一种印象，即今天的年轻设计师们在某种程度上已经很难有所作为。年轻的设计师生活在一个很复杂的时代——家具历史时代。人们不清楚该关注什么，需要些什么，每件事情都肤浅地被允许，每个人都可以发表自己的想法。年轻的设计师试图从自然界中，从新技术和各种各样的新材料中发现灵感，当然这些途径都是产生新构思的恰当选择。但是，设计师的职业首先是一种社会性服务的行业，这种理念会告诉设计师不应该忘记历史上的家具，即家具历史。也就是说，要将过去视为历史性的现在。我们的任务是构造另一个现在，这个现在才是我们真正需要的现在。要扮演构造另一个现在的人，不只需要现代知识，还要有当一个更新的形式兴起的时候能够抓住过去，并从过去的历史中提取这一新形势将会需要的东西的努力。在这个现代并充满奇迹的世界，我们首先要懂得如何观察，以便能够进行选择，要有一种可以摒弃过度的兴奋，保持旁观冷静的能力，这种能力可以使我们选择过去的意识，加上现代的明朗和清晰，就成为能够帮助年轻人的工具了。举个例子，不要抄袭，至少不要只是抄袭，我们必须认识到我们也可以创造，因为一个无限明亮的视野在我们面前描绘，它就像是在山顶上欣赏白云飘忽变幻的天空一样神奇美妙。

无论设计师在何处，完整地带有分析性地进行工作，寻找最有可能的融合方式，排他地以功能性的要求和生产可能性为基础，他对以往家具的了解将产生一定作用——就像一种思想上的防护栏，一方面使他了解了已有的解决方法，另一方面也使他不要重犯前人的错误，当他们试着为新时代找到新的解决方式，这种理论对于现代设计师来说尤其正确。无论如何，文化的交流总会带来对双方的影响，导致新理念的产生并且创造新的家具风格。这样的话，家具将持续永恒地发展。

三、如何在现代设计中传承传统文化

（一）教育，人才的培养

一定的文化是一定社会的政治和经济的反映。中国家具文化植根于世界东方这块沃土，经过四千多年发生、发展和积累、沉淀的漫长岁月，逐步形成了以中华民族为主、吸收各民族文化和外来文化的特长、有自己鲜明特点和独到之处的优秀文化。我们要把传统文化融入现代设计，就要在现代设计人才的培养中尊重传统，引进吸收现代设计理论，现代国内设计教育中主要以西方设计教育研究成果作为设计教育的基础课程，导致了完全的"拿来主义"，并没有做到与传统美学与哲学的融合互补。只有尊重传统，结合传统才能创造真正具有中国特色的设计观。中国文化强调"天人合一"的美学思想无不贯穿于建筑、园林、明式家具等经典的文化遗产中。要让中国家具设计走向世界，民族特色是关键所在。所以，我们要在传统美学的基础上借鉴西方设计理念，让他们的成果为我所用。中国传统美学与哲学思想才是现代家具设计教育的根基，因此我们应该增设一些与中国传统美学相关的思想美学课程，让更多的年轻设计师去走进它。例如：在设计专业的课程中加入"中国古代建筑史"的课程，或在设计课本的教材编写中融入中国古代设计思想的章节，让传统文化在教育中得以潜移默化的推行。

（二）企业重视，内部培训，外部交流

要想在市面上看到具有中国主义的设计产品"百家争鸣，百花齐放"，要让中国的现代设计企业认识到传统文化的重要性，加强企业员工的内部培训，促进员工的外部交流。国务院办公厅下发了《关于加强我国非物质文化遗产保护工作的意见》，确立了我国非物质文化遗产保护工作的方针和目标。这是运用政府的力量对传统文化的传承与保护。也鼓励社会团体和企业个人积极参与保护工作。希望企业推出更多的项目，把传统文化和传统文化产品更加发扬光大，有效的传承。

（三）国家政策的有效实施

对传统文化保护的问题有两个方面需要注意：一方面是人民大众自觉地学习、继承和发扬我们的传统文化；另一方面，是政府和相关机构对传统文化的保护。而政府和相关机构对传统文化的保护尤为重要。

保护我们的传统文化，政府和相关机构要表率。首先，在我国市场经济体制下，只有坚持传统文化与有中国特色社会主义市场经济体制相适应的前提下，传统文化的保护与复兴才可能实现。政府要积极引导传统文化与市场经济制度相适应，加大财政投入，培养能够传承传统文化的人和民间团体。其次，要制定传统文化的保护、开发与复兴战略，扎实稳步推进战略决策的落实。最后，全社会要形成以中国传统文化为荣的观念，坚持了解传统文化，自觉抵制西方落后思想和意识的侵蚀。要积极宣传传统文化，提升传统文化的知名度和认可率。

如何适应社会转型期的特点，针对当代中青年和少年儿童对传统文化知之不多的实际，在教材编写、普及推广、配套工程、激励机制、组织领导等方面，采取切实可行措施，使传统文化在工作学习、文化娱乐、日常交往之中得以潜移默化的推行，变成一种自觉自愿、有益身心健康的活动；政府机构也要准确把握文化体制的价值取向，探索文化工作、包括传统文化新的模式，大力发展对外文化交流和文化贸易，进一步壮大传统文化和文化产业的影响，为和谐社会建设发挥更大的作用。

第五章　中式家具概念及相关研究

第一节　"中式"的界定

一、"中式"概念渊源

"中式"主要是用以区别"西式"或"欧式"概念，并确立以中国传统文化为符码系统的风格形式。对于中式风格的探讨可以追溯到17世纪末期西方国家在建筑和艺术中出现的"中国风（Chinoiserie）"。在韦伯英语大百科全书中，"中国风"一词的意思是：①18世纪欧洲出现的一种装饰风格潮流，以复杂的图案为特征；②指用这种风格装饰的物品，或采用这种风格的实例。这里提到的"装饰风格"即指英、法等西方国家通过吸收或移用中国传统装饰图案或纹样而形成的一种流行风格，并影响到舞台装置和设计、家具设计、餐具设计、织锦设计等众多领域，成为"西方审美观中最雄厚、最持久的体系之一"。1754年，齐本德尔在出版的著作《绅士和家具木匠指南》中将中国风、哥特式和洛可可式列为当时三种最重要的设计风格，并设计了一系列应用中式风格装饰的家具制品。

在早期西方人眼中，中式风格基本上被作为一种新奇的非西方艺术风格对待，总的理解也限于装饰的精美和造型的单纯朴素，尽管其对西方艺术产生了巨大的影响，并在家具设计和其他装饰图案设计领域中一度达到了很高的热度——摄政时期和维多利亚时期，但也主要集中在图案装饰方面，如对竹子、宝塔和龙纹等的模仿。直到19世纪末，欧美一些艺术家和设计师才开始重新审视并关注蕴含其中的复杂的概念、精彩的设计理念和高超的手工技艺等。根据方海的研究，在这一时期，中国风逐渐向中国主义转变，欧美许多设计师，如麦金托什、赖特、格林兄弟、鲍尔·弗兰克、汉斯·维格纳等，都从中国传统工艺及家具设计中吸取了创作灵感，设计出一些中式风格与现代主义结合的家具产品。

二、"中式"在国内的发展脉络

尽管"中式"自古就有，但直到晚清时期才在"中体西用"之辩中被提出，对于"中式"的具体意涵并没有给出明确的概念，而当时所关注的"中"更多集中在中国传统文化中的本质内容和民族性。自鸦片战争后，西方的绘画、建筑、雕刻、家具等文化艺术大量涌入中国,对几千年来形成的中国传统文化产生了巨大冲击。在建筑、室内及家具陈设等领域,开始加入诸多外来的西式装饰元素,西方列强在上海、大连、广州、武汉等地兴建了众多"拼杂"的欧式建筑和内部装饰,可以称之为"中国特色"的"殖民地"风格。直到20世纪二三十年代,这些西式装饰形式还在影响着中国的建筑和家具样式,在诸多城市出现了所谓"中西合璧"的商业建筑和民用住宅;家具产品中也出现了移用西方家具装饰样式(如巴洛克、洛可可、新古典主义等)并吸收其制作工艺的海派家具。

在这一过程中,由于东西方在风俗习惯、语言文字、价值准则和思维方式上大相异趣,中西文化之间产生了强烈的碰撞冲突与会同融合并存,但总的来看,西方文化的影响逐渐加强,而中国传统文化则逐渐势微,以至于引起诸多具有民族自尊心的建筑师与设计师开始在复杂的历史背景下,进行"民族风格"的探索和实践,提出"中国固有形式"的口号。当时建筑上出现了"宫殿式"建筑形式,如:中山陵、中山堂等,即是对"中式"风格进行探索的产物。这可以说是国人在国家极弱和外来文化侵蚀下,进行的早期"中式"风格的复兴运动。随后中国经历连年的战乱以及新中国成立后的政治运动,"中式"的概念在诸多领域而被忽视。在家具产品中,样式基本维持了民国时期的家具样式,但受当时经济条件及加工技术的限制,家具的制造工艺和装饰内容趋于简单化,这一时期流行的家具样式是所谓的"中西结合"的成套家具,即"36条腿"(床、床头柜、大衣柜、五斗柜、方台加四张椅凳共9件计36只腿)或"48条腿"(床、2床头柜、大衣柜、五斗柜、方台加四张椅凳、写字台或梳妆台加一张椅凳共12件计48只腿)家具。

到80年代,人民的生活条件得以迅速改善。人们注重实质性的物品置人,比如:家具、家电、日常用品等等实用型的物品,对产品的需求基本集中在使用功能上,尚顾及不到物品的文化语意、艺术品位等方面,所以采用机械化大批量生产的产品成为当时市场的主要产品,而所谓的"中式"或"民族形式"的讨论也只是停留在学院派的研究和讨论之中。如家具市场以板式家具为主,其样式以胶合板拼接、组合为主,造型基本照搬西方形式,无从谈及"中式"内容。

90年代后,设计开始了全新迅猛的发展,建筑、设计、文艺等诸多领域都开始关注并探索"中式"风格在新时期的形式及发展方向。"中式"的概念逐渐成为关注的焦点并在实际的设计中开始了中式风格的塑造,如建筑物中中式元素的应用更加广泛,室内装饰中也更注重中国式审美意味,影视和音乐作品也开始增加更贴合民族性的视听效果,家具产品也出现了以"新中式"为概念的新形式。至此学术界和设计界逐渐开始以从来没有过的热情来重视中国的文化,在思想上开始回归,并在实践中重新审视本民族文化传统,探索并寻求"中式风格"的内在意涵与合理的应用方式。

三、"中式"的所指

"中式"即中国的样式或中国的式样,通常指中国特有的固定形式或式样。就其具体含义主要从"中"和"式"的含义进行界定。

众所周知，"中"在这里是中国的简称，主要用于界定"式"的专属对象和限定区域及范畴。而对于"中"的具体所指，一方面是指中国疆域及领土范围，另一方面则指中华民族的文化及传统，用以区别其他国家地区或民族的文化内容。可以说"中"主要作用在于从整体或系统的层面进行区分或识别，强调的是类别或体系总体特征的界定，并不计较微观的相同点和共通性。因此，尽管中国疆域辽阔，民族众多，区域间和民族间生活方式、文化习俗等不尽相同，但作为整体概念来探讨时，通常抽取最为主要的、最具典型意义的或最具价值的内容来指代，如在标志识别体系中以国旗、国徽代表中国，建筑物中则以天安门为代表形象等。同样，作为"中式"概念的限定词，"中"的具体所指为中国传统文化，但就其典型性或代表性来讲，并不是必须体现56个民族或所有地区的全部要素，在学术研究中通常以汉文化为主体界定。

《说文解字》中"式"的解释为："式，法也"，本义指法度、规矩、规范、法则的意思。作为一个独立的概念，"式"通常被作为古代工匠艺人所参照或承传的模型或范本，多以简单图示或"歌诀"的形式来表达或记录，如《鲁班经》《梓人遗制》中记载了众多木制品的制作式样及具体的制作标准，通常比较清晰地介绍了制作者观点中的设计原则和手法，并通过工匠的口头传播来传承技能和手艺。因此说，"式"的界定主要是强调制作物品的基本原则和规矩限制，亦是从整体上加以区分物品的形制和式样，而相对于细节上的差别和变化并不影响"式"的界定和区分。

可见，"中式"也就是指在中国传统文化限定下的具有延续与承继性的固定式样。根据不同的领域和层面，"中式"所选取的代表物或主体特征识别是有区别的，但其所蕴含的文化底蕴和内在品质是中国式的，是与西式或其他地域风格相区别的。如在建筑与室内设计上，中式风格是指以宫廷建筑为代表的中国古典建筑与室内装饰设计风格；在家具陈设上主要指以明式和清式家具为代表的中国传统家具式样。

第二节　中式家具的范畴

一、中式家具形成独立概念的因由

在关于中国家具的研究中，中国传统家具自商周时期的青铜家具到民国时期的海派家具，品种多样，形制不一，在不同的历史时期形成了不尽相同的艺术品质。但是几千年来，中国传统风格的家具一直在一种封闭的环境中成长、发展、成熟，尽管历史学家把中国传统家具按朝代的更迭而赋予不同的风格名称，但其发展路线一直是延续的，风格也保持了相对的稳定性，并向周边国家和地区扩散，形成了区别于西式家具的中式家具。中式家具被作为一个独立的概念而与其他家具风格相区别，主要是由于以下三点原因：

1.“中”——文化的从一性

中国历来是个多民族社会，民族文化丰富多彩，其中汉文化以无可比拟的悠久历史和深厚积淀占据了主导地位。即使发生过多次较大规模的民族融合，即使到了清代强力推行“满汉文化”，汉文化的主导作用也未被动摇。在汉文化的强势作用下，中国传统家具始终以汉文化为主线贯穿从诞生、发展直至辉煌顶峰的整个过程。这可以从中国传统家具中的装饰纹样的关联性和所传达内涵性语意的一致性上显现，如自商周至清末以来的家具中对龙纹的应用大致上形成了“一个神秘威严（商周）、写实精练（秦汉）、丰满华丽（唐）、典雅柔美（宋）、简练秀丽（明）、繁琐富丽（清）的演变过程”，但这一不断丰富充实和发展变化的过程并未破坏对汉文化的整体认知，反而加强了文化识别性。

2.“式”——样式的民族性

中国传统家具式样繁多、种类各异，但自脱离单纯实用功能、引人文化因素起，就表现出与众不同的鲜明特色，不论出自哪个朝代或地域，不论出自皇宫或民间，也无论是它的整体或局部，元不强烈地表达出独特的中国元素，具有区别于世界上其他任何家具的独特性。如中国传统家具中的壶门、牙板及梅卵结构等都与中国传统建筑中的相应结构相对应，并成为中国传统家具的典型结构。

3.“风”——风格的稳定性

每个朝代都有不同的社会文化，不同地区存在着地域文化差异，这并不影响中国传统家具风格一贯的稳定性。中国传统家具在每一个历史时期，在每一个特定地域，总是能形成一个完整的、别具特色的式样风格，以至于多少年后的今天，我们仍能够凭借传统家具稳定的样式风格和形成这种样式风格的文化背景，大致推断出它（们）产生于哪个年代、哪个地区或使用环境。但相较于西方家具风格相当清晰易变的递擅过程（如希腊、哥特、巴洛克、洛可可、浪漫派等），中国传统家"具的风格却显现了一种异常稳定的形式，即便是横跨两千余年的发展历程，根植于中国传统文化符码中的风格特征依然十分统一而容易辨识，就像中国传统建筑风格一样，虽然不同地区和不同朝代的建筑形式会有所变化，但整体风格却相当一致。

正如方海教授在其著作《现代家具设计中的“现代主义”》中分析所得：“尽管不同国度有着源于其本土文化的家具风格，但是在世界家具界只有两种文化创造了对现代家具设计产生巨大影响的家具体系。它们是欧洲家具体系（包括北美家具）和中国家具体系（包括日本和韩国家具）。”而基于中国家具体系基础之上的中国传统家具则以其独立的造型样式和艺术形象形成了区别于其他家具风格的“式”。

二、中式家具的文化特征

家具是一种综合文化形态，不论是西式家具还是中式家具都是文化的产物，都表现出造物文化的特征。中式家具作为根植于中国传统文化的典型造物，所表征的文化品质也是与西方文化相区别的，并与中国传统文化内涵紧密相关，这主要体现在以下几方面。

1."意、象、形"三分的造物文化特征

中式家具是中国传统造物文化的有机组成部分，在造型理念、创造心态、视觉模式和构形规律等方面与西方"就形论形"或追求所谓科学的视象（如透视、光影等）等造物方式存在明显的差异，反映了中国造型哲学和艺术思维的独特性。从形象发生学范畴来讲，中国传统造物讲求意、象、形三分，即在造物时，欲传达的价值寓意、观照的物象和制作的器形形貌三者分属不同层次，过程中重视制器尚象、观物取象、立象尽意的致思方式，突出"意"的主导地位，注重心理意象创造，这也决定了传统造物偏向伦理或社会美学的价值取向。中式家具采取稳固的框架结构、严密的榫卯连接和自然顺畅的线条显示出了器具的形式美感，但更重要的是在形体构成中考量空间、结构、数理、秩序和程式格律，进而表达"礼"的教化。

2."重礼敬道"的生活文化特征

中国以"礼仪之邦"著称，自周以来，"礼"更是被作为社会及个人行为的最高约束和评价准则，并深入人们的日常生活之中。生活器物的发展，往往也等同道德价值的延伸。家具器物等都在一定程度上传达着"礼"的内容，如"屏、帘"等家具通常与"敝恶""廉耻"等意义相关联；皇帝的宝座并不是为了舒适，更重要的是体现皇权的威仪以及"匡正天下"的寓意；厅堂居室家具的摆放和布置以及就座的方式和秩序都在强调主客、尊卑、亲疏、远近的伦理规范和行为规矩。中国儒家所提倡的礼仪待人，崇尚端雅的行为举止，更是直接影响着中国家具的制作和审美。中式家具的构形大多以直线为主，方方正正，予人端正沉稳之感。如图传统中式扶手椅的靠背板与座面多呈90度直角，使得座上客只能正襟危坐，这就是所谓"湿衣不乱步"的文人风范。

3."道器融通"的工艺文化特征

受中国儒家"重道轻器"观念的影响，古代的工匠艺人备受轻视，《礼记·王制》中说："凡执技以事上者……不与士齿。"甚至明确规定"作淫声、异服、奇技、奇器以惑人者，杀"，而这种崇尚政治人伦之"道"，贬抑生产工艺之"技"的传统使得"道"成为统领"器"的标准，工匠艺人在生产制作过程中要着力表现"道"的内涵，并符合"道"的标准，并以达到"道"的境界为最高成就。对古代工匠来说，获得器物的形式还远没达到要求，对"器"的认识还要上升到对"道"的关照，要从功利意义上升到哲学意义，即"器以载道"。中式家具制作工艺精湛而颇具科学性，但其造型、用材、施色、雕刻、镶嵌、款识

等工艺的目的无不是为了通过形态语言传达和表现出一定的气氛、趣味、境界、格调——这恰恰是"道"的价值取向所决定的。

4."木作同宗"的建筑文化特征

中式家具与中国建筑都是中国传统"木作"文化的真实反映，二者是"同宗同源"的统一体。中式家具造型与中国传统建筑同出自"木作"结构形式，形制比例基本一致，装饰方式和内容也可以说是"并蒂连理"。中式家具的框架结构与建筑上的梁柱结构形式相当，椅子的腿足、帐和建筑的梁、柱，束腰和须弥座，搭脑和挑檐，牙子和雀替以及各种雕刻纹饰等都体现出二者在功能和技术上的相通性（见第五部分详细论述）。中式家具与建筑互相依靠、互相伴随、互相促进的关系使得二者相融相通，中式家具的造型和布置增强了建筑室内空间的中国韵味，而建筑则促使家具更具视觉性并具有与建筑一脉相承的文化内蕴。

三、中式家具的分类及式样

在中国传统概念中，家具基本上仅限于"桌椅板凳"之类居室厅堂内的生活木器，并且自秦汉时期至明清以来，随着时代发展和生活方式的变化，家具的种类和样式也不断增加，至明清时期，家具的种类和样式基本定型，根据使用场合和功能的差异可进一步细分为：床榻类、椅凳类、桌案类、框架类、其他类等，也可以分别称作卧具、坐具、承具、皮具、杂具，这几类基本囊括了中式家具的样式，所涉具体类别如下：

①床榻类（卧具类）：榻、罗汉床、架子床、拔步床。

②椅凳类（坐具类）：椅、机凳、坐墩、交机、长凳、宝座。

③桌案类（承具类）：方桌、条形桌案、宽长桌案、炕桌、炕几和炕案、香几、酒桌和半桌、其他桌案。

④拒架类（度具类）：架格、柜、橱。

⑤其他类（杂具类）：屏风、架、箱、匣、提盒等。

各类别的中式家具在用材、结构、装饰等方面又存在较大差异，但其造型基本遵循"式"的规范，在形制上具有明确的识别性，因此可以作为区分不同家具类型的参照。

第三节　中式家具相关理论研究

对中式家具进行科学地、系统地研究始于 20 世纪 30 年代德国的古斯塔夫·艾克教授对明式家具的研究，他于 1944 年出版的专著《中国花梨家具图考》（即 CHINESE DOMESTIC FURNITURE），可以看作是有关中式家具研究的第一部著作，也是"全世界公认的研究中国家具的第一个里程碑，"自此中式家具开始得到国内外收藏界、学术界以及家具业界的广泛重视，国内外许多专家学者从不同角度对中式家具文化、艺术、技术及设计等进行了理论和实践的探索，并获得了许多值得借鉴的成果。以下是对国内外关于中式家具研究理论的扼要分析。

关于家具风格的理论是研究家具造型样式与所属文化特征及其两者关系的理论。19世纪中叶，风格概念被作为一种方法论，而成为设计、艺术史学基础的中心概念，而发展出许多不同形式的艺术形态。庄明振等认为"风格是当时文化的具体表现"，强调所处时代的流行文化对风格样式形成的引领作用。家具风格的界定通常与艺术风格、建筑风格、文化特征等紧密相关。梁启凡提到家具风格是不同时代思潮和地域特质透过创造的构想和表现，逐渐发展成为代表性家具形式，即家具风格的确定通常是基于时代思潮或地域特质两种形式基础上的。对中式家具风格的区分通常基于以上两种形式，如明式家具、清式家具等是按时代进行区分；京作家具、广作家具、苏作家具、宁式家具等则是按地域来划分。中式家具被认为是区分于欧式家具或西式家具样式的中国传统家具的总称，对其风格样式的细分和深入研究则构成了中式家具风格研究的主要内容。

中式家具风格的科学研究渊源来自艾克对明式家具概念的界定和研究。艾克不仅将收集的大量明式家具拆散，严格按照比例绘制了节点构造图，使人们得以了解明代家具的内部构造，而且对明式家具风格的形成与演化进行了深入的纵向比较，探讨了其造型特征与商朝青铜器，两汉、南北朝的独坐小榻，唐代壶门大案，宋代的凉床等之间的联系，整理出中国家具马蹄足造型的演变规律的轨迹。现代中式家具造型通常被划分为有束腰马蹄系和无束腰直腿系两大体系，这是基于艾克的研究基础之上的。在对中西家具风格进行横向比较的基础上，艾克对中式家具评价甚高，他认为中国传统家具自成体系，独树一帜，在世界家具史上应占有重要的位置。他以赞同的口吻援引了 T.H.R 记者对中国家具的评价："以全世界的木质家具而论，唯有四五世纪以前希腊的制作可以媲美中国家具的风格。欧洲家具尽两千年的历史，不能与其安详、肃穆的气度相比。"同时，经过比较分析，艾克指出中式家具不仅对亚洲各国的而且对欧洲国家的室内装潢和家具设计都具有深刻的影响，包括造型、材料工艺、装饰、线条乃至零部件等。正如中国古代艺术品收藏家美国人安思远在其著作《中国家具：明清硬木家具实例》中所写："当代西方家具的起源取决于东方的因素，要比大部分观察者承认的还要多得多。"正是由于艾克与安思远等对中式家具的研究和推崇，中式家具风格逐渐成为一门新的研究学科，得到国内外专家学者的普遍重视，也引起世界各大博物馆广泛的中式家具收藏热。

国内对中式家具最早进行系统性分析和研究的著作是王世襄的《明式家具珍赏》以及后来的《明式家具研究》。书中收录的家具多是国家博物馆及其个人的收藏珍品，因此其造型、工艺、用材、装饰及细部处理都极为精致考究，而且数量大，品种多，几乎涵盖了中式家具的所有类型。书中对明式家具按照使用功能进行了系统性的分类：桌案类、床榻类、椅凳类、柜架类和其他类等；并结合具体的家具图片给出了较为精确的节点构造图，并对各部位的名称进行详细的分析和解释。在此基础上，书中还对明式家具的构造方式、棒卯连接、装饰纹样及风格特征进行了综合分析，提出了明式家具的"品"与"病"，即"十六品"：简练、淳朴、厚拙、凝重、雄伟、圆浑、沉穆、秾华、文绮、妍秀、劲挺、柔婉、空灵、玲珑、典雅、清新；"八病"是指：繁琐、赘复、臃肿、滞郁、纤巧、悖谬、失位、俚俗。书中通过对明式家具形制、选材、结构、装饰等内容的拆解和图解，给出了对明式家具进行鉴赏和评价的参考标准，并对明式家具风格的文化内涵做出了非常重要的诠释。

自《中国花梨家具图考》《中国家具：明清硬木家具实例》和《明式家具珍赏》《明式家具研究》先后出版之后，国内外对中式家具风格的研究逐渐重视，并由明式家具研究向其他类型延伸和拓展，涉及中国历代家具内容。

第四节　现代中式家具的风格特征

一、现代中式家具风格形成的影响因素

一种风格的形成是受诸多因素影响的，现代中式家具风格的形成也不例外。家具风格的形成往往是由生活习惯与意识形态决定的，而与它的物质技术基础却没有必然的联系。就如我们所称的古典主义、现代主义、未来主义等，都是从其本身所联系的精神实质和文化内涵来区分的。就现代中式家具的风格形成来看，其形成主要受社会、历史、文化、宗教、地理及气候等根源的影响，具体来说影响因素主要有：生活方式、民族特性、文化与美学内蕴、宗教信仰与气候物产。

1. 生活方式

中国现代的生活方式与古代生活方式已经有了很大的差别，住房条件、房屋结构、居室分布及室内空间功能等都与古代相去甚远。生活中的现代化程度逐渐提高，对生活品位的追求也日益突出，高科技与高情感逐渐成为生活的一种主流。中国传统生活方式中从"席地而坐"到"垂足而坐"都强调了一种"礼"的概念，因此家具的陈设与造型都在一定程度上适应着这种生活方式的需求。而现代生活方式中，朴实自然、舒适轻松的情感则成为主导，因此对于家具风格的要求也随之变化。这也就使得现代中式家具必须突破传统造型的局限，从形态、结构、色彩和装饰等方面进行革新，以适应现代生活方式的需求，将返璞归真的情感充分表现出来。

2. 民族特性

根据著名哲学家张岱年的观点可知，民族精神是指民族文化中起积极作用的主导力量，其必须具备两个条件："一是比较广泛的影响，二是能激励人们前进、促进社会发展的作用。"这种民族精神在本质上反映出一个民族的本质特性。中华民族精神基本凝结在《周易》的两句名言中，即"天行健，君子以自强不息""地势坤，君子以厚德载物"。"自

强不息"是民族的一种发奋图强的传统，"厚德载物"是以宽厚之德包容万物，在文化发展上具有兼容并包之意。正是这种民族的本质特征推动着历史、文化的前进。这种本质精神反映在造物活动中，或者落实在家具设计中，则要求在继承传统的基础上，广泛地吸取优秀文化的内容，兼收并蓄，从而创造出适合表达现代精神和民族特色的家具样式。所以，现代中式家具在一定程度上是受这种深植中国传统之中的民族精神所推动的。

3. 文化与美学内蕴

中国文化与美学内蕴一直保持着自身统一和系统的体系，与西方的哲学和文化体系有着较大的差别，尤其是美学观念和思想。中国传统文化本身表现出内敛、含蓄、深沉、博大的气质，而西方文化则以理性、逻辑见长，这与中西不同的造物文化的形成是有着必然的联系的。中国美学中所追求的"气韵"（谢赫《古画品录》中提出"六品"，气韵生动为第一品），"虚实"（《考工记》中提出的以虚带实、以实带虚、虚中有实、实中有虚、虚实结合）和意境都使得东方的审美观念具有浓厚的民族文化特征。中国画中的线条美、空间布局和飞动之美已成为中国美学的典型符号象征。它们在家具及其他造物中，都被广泛地应用。中式家具中对线条的运用、构件连接中的榫卯结构及装饰附件与整体的虚实层次，都是中国美学内蕴的一种外在表象。随着人们对中国文化及美学的关注愈发深入，中国美学所展现的境界则更加深远。现代中式家具作为一种包容在中国文化与美学范畴内的造物，自然要受到这种美学观念的影响和推动。

4. 宗教信仰

自古以来，中国的宗教信仰与哲学思想都有着密切的关联性。与西方世界基督教"一家独大"的特征不同的是，中华民族传统具有兼收并蓄、海纳百川的特质，因此，在儒、释、道成为主流信仰的同时，伊斯兰教、基督教、天主教等信仰也得到了一定的发展。但对于中国传统文化内涵具有深刻影响的仍是以儒家"中庸"思想、释教的"因果"观念和道家的"道"及"天人合一"等思想为主的。这些信仰与蕴含其中的哲学思想对中国传统文化的形成及发展都起着至关重要的作用，而其对于中国艺术与美学思想的影响也颇深。对于造物活动来说，其美学的体现也脱不了儒、释、道思想所限定的范围。如明式家具中所展现的比例适宜、线条和谐等特征与儒家的"中庸"是相契合的；而其表露出的典雅、质朴的气质与禅宗追求的纯粹境界是相符的；道家"回归自然川天人合一"的"道"则在材质的天然美感中表露出来。可见，中国传统中蕴含的宗教信仰和哲学思想对于家具美感的展现是相当重要的，现代中式家具的形成也是受这种东方哲学的发展所推动的。在现代的家居空间中，传达具有东方哲学韵味的意境逐渐成为一种趋势和潮流，现代中式家具的运用无疑在其中发挥着重要作用。

5. 气候物产

中式古典家具中多应用红木作为主要材料，明清时期尤以紫檀、花梨木、鸡翅木、铁力木等硬木材料为主，因而形成中式家具凝重、质朴、深厚与典雅的天然美感。这些珍贵木料之所以能够在家具上得以广泛应用，是由于明清时期经济繁荣，可以大量进口东南亚木材作为家具生产原料。但近年来，由于珍贵木材资源的逐渐短缺，中式家具面临着材料更换的问题。因此现代中式家具在这样的前提下，必须对材料进行更新，采用适当的木料进行设计与加工，从而呈现出新的面貌。这在一定程度上，就需要考虑物产和气候的因素。并不是所有的木材都适用于表达现代中式的内在气质的，如现在常用的胡桃木、榉木、楠木、梅木等，基本上都是我国种植范围较广、性能较好的木材，而且对于气候的适应性较强，适于不同地区的生活环境需要。

二、现代中式家具风格的一般特征

现代中式家具最主要的特征就表现在对中式古典家具的传承和创新的结合上，既保留了中式古典家具的精神气质，又展现着现代的时代气息；既延续着传统的造型元素，又有自身独特的形式语言。可以说是，传统中有现代，现代中融古韵。时代性与民族性的完美结合才是现代中式家具的真正精髓。就造型来看，其特征主要表现在形态、结构、工艺、材料、色彩和装饰等几方面。

1. 形态

现代中式家具尽量借助明清家具中特有的造型法则：造型要素尺度和虚实的对比与协调、构件的重复排列、纹样二方或四方的连续以及整体的框架形式等。但其亦在造型元素的具体运用中进行变化和创新，如对线条曲度的调整、框架虚实空间比例的划分、局部构件装饰的排布等。总体上，现代中式家具保持了中式古典家具造型美观、简洁、适用合度的形态，突出典雅的韵味。同时，线条的运用在保持"柔中带刚，刚柔相济"的基础上增强了线条的对比效果，比例也更加符合人机工学的标准，去除局部的附件，使形体更加洗练简洁，线脚的处理更和谐，在注重手工工艺质感的同时，增加现代工艺的技术美（如直线和方形的运用，替代曲线和有机形），整体上展现出现代时尚的品位与追求。现代中式风格座椅对于明式椅子中靠背板、扶手及底座框架的革新，使得家具既有明式家具的风范，又有现代的时尚特色，在造型上体现着延续与创新的结合。

2. 结构

在结构上，现代中式家具主要体现在对传统家具中的榫卯结构的运用与革新上。诚然，明式家具中所采用的榫卯结构和框架结构代表着中国家具制作工艺的最高水平，但由于其制作加工的繁复导致机械加工、装配、维修和标准化比较困难，因此，现代中式家具在应用这种结构方式的基础上，更多的是应用新的手法和新的连接件对其进行适当处理。如现在现代中式家具中常用插接棒结构和五金件连接拆装结构代替传统的榫卯结构，这使得原材料可以节约 15%~20% 左右，而且也提高了产品的运输效率和搬运方便性。此外传统家具多为功能单一的单件式家具，而现代中式家具中通过对结构的变化而改变成功能复合型的组合式家具，使之能更好地适应现代居室的需求，如大宝家具公司的"清流"系列家具将中式传统家具的框架结构进行简化和改良，使之连接更轻巧、简捷，采用简单榫卯和胶接形式，整合榻和沙发的功能、炕桌和茶几的形式等，使整体更适合现代生活品味。同样，现代中式家具对于结构的革新往往借鉴现代家具的结构形式，从而使之更适合现代加工工艺的生产与制造。

3. 工艺

现代中式家具的生产在采用传统的手工加工方式的同时，更注重现代机械加工的工艺方法。这一方面是出于批量化生产的需求，另一方面是为了增强家具的精确度与标准化。首先，在材料加工工艺上尽量采用机械化批量裁切，并在家具中合理选择材料加以应用，如木材中常有实木材料、胶合板和人造贴面等，可以通过局部材料的配搭形成独特的风格。材料加工中的锯、刨、压、镜、磨光等基本实现机械化加工。其次，结构工艺中尽量采用现代结构方式，将传统的榫卯结构进行转化，如胶接、插接、五金件连接等工艺都被广泛应用。在保证功能质量的前提下，现代中式家具中结构工艺的变化使家具更加简洁、结构更加简单纯净，与现代崇尚简约的风尚相一致。最后，雕刻、镶嵌等装饰工艺上尽量减少繁复的工艺附加，简化不必要的附件，仅在突出表现的部位采用简洁的装饰工艺来增强家具的工艺美感，如清式家具中的毛雕、平雕、浮雕、圆雕、透雕等工艺在现代中式家具中大面积应用较少，一般在局部面材上进行细致雕刻，起到点缀和提神的作用；而镶嵌工艺更是由于过于复杂往往被弃之不用，或应用数字化加工的单板镶嵌工艺来代替（一般由 CNC 激光切割机来切割单板，进行砂磨后由数控机床镶嵌）。由此可见，现代中式家具在工艺上注重简洁与现代的工艺手法，强调家具对框架结构的改良生产的快捷与效率，这与中式古典家具中使用的方式不同。

4. 材料

在选材上，现代中式家具更加广泛，除了中式古典家具中常用的硬木、红木材料外，还扩展到橡胶木、胡桃木、水曲柳、榉木等新木种。此外现代家具中常用的塑料、金属、藤材和纺织品也被应用到现代中式家具之中，同时摈弃了清式家具中常用的金银、玉石、珊珊、象牙、法琅等奢侈材料。

5. 色彩

现代中式家具秉承了中式古典家具的一贯手法，既保留了天然纹理和色泽，不加纹饰，不髹漆。这种利用木材纹理来表现的原木色更能突出家具的纯净与典雅，故现代中式家具中大多对木材不做色彩加工，而更多的是通过附件的色彩和纹饰处理来增强木材的纹理色彩效果，如靠枕、坐垫等织物的色彩和纹理与整体的搭配，拉手、合页等附件的金属色泽与板材的对比等。另外，现代中式家具采用木材的天然色彩也突破了红木色彩的局限，使得色彩和纹理更加多样化，有的凝重，有的清新，或者质朴，或者典雅，这种天然的气韵来自于木材本身的纹理与色泽，这也使得现代中式家具在色彩感觉上更具统一性。

6.装饰

现代中式家具将传统的家具装饰尽可能简化，甚至完全舍弃装饰内容，只采用古典家具的功能框架并加以演化。在采用装饰的时候亦对装饰纹样和手法进行简化。传统家具中常用的繁复的雕刻装饰、仿真形纹样装饰都被简化成现代的装饰符号，如几何纹样等，而局部的构件装饰，如张子、券口、牙板等装饰部件大多被舍弃。总体上，现代中式家具尽量减少繁缛的装饰内容，只在关键部位加以运用，起到"画龙点睛"的作用，这在很大程度上增强了家具的纯粹性与现代感。如"明风阁"系列家具基本上去除了明清家具中的大多数装饰内容，包括连接部件中的牙板、帐子，只提取了中式家具的主要部件——靠背板、拷椿圈及框架结构等作为传递中式语意的要素，在局部进行的纹样雕刻则增强了中式的味道。

第五节　现代中式家具的设计现状

现代中式家具的起步已有 20 余年的历史。开始只是个别家具企业（如联邦集团、顺德三有家具有限公司的部分产品）为了在市场中突出产品的个性、增强市场竞争力而有意或无意推出的此类新产品，后来才上升到理论上的研究，并逐渐形成成熟的现代中式家具概念，到目前为止现代中式家具已逐渐步人正常发展的轨道，众多国内家具企业也意识到"中式风格"的现代价值并相继推出自己的"中式概念"家具，如联邦集团公司的"江南世家""龙行天下""塞外放歌"等八大家系列家具；顺德三有公司的"明清风韵"家具；东莞华伟公司的"写意东方"及其所包括的"秦颂""汉风""国雅"三个系列；东莞大宝公司的"春秋""唐韵""元曲""清流"四个系列；浙江年年红公司的"金典""雅典"和"富典"系列以及深圳友联为家的"唐风""明式"系列现代红木家具等。这些家具企业都在深入挖掘中国传统文化内涵的同时赋予家具产品以新的品牌价值，并使之融入现代家居生活文化之中，从而在提升家具商业价值的基础上也增强了家具的文化归属感。就现代中式家具的设计状况来看，主要体现在以下几个方面。

1.形式趋向多样化，品牌显现差异化

近年来，现代中式家具的品类逐渐增多，形式表现和创意内容也呈现出多样化的趋势，形制上较明清家具更贴近现代生活（如电脑桌、电视柜及床头柜等），体量上更符合现代居室空间尺度，家具结构和比例对于人体工学要求和标准的考量增加。更重要的是，现代中式家具逐渐跳出对明清家具式样的照搬和模仿，而开始从中国传统文化中寻求"概念"和"元素"，并应用现代设计理念加以改良和再设计，进而对传统的文化内容在家具设计

中进行新的诠释和符码化表现。不同家具企业和品牌在表现手法和形式塑造上也各具特色，常见的几种方式和途径有：

①简化、演化或变化传统家具结构，通过局部装饰图案展现文化内容；如嘉豪何室"中国红"系列家具，以云纹演变而来的饕餮纹局部作为装饰图案来展现家具含蓄尚古的文化内涵。

②提炼、抽象某些特征元素或典型造型，通过家居的整体或局部造型塑造中式韵味；如东莞老木坊家具公司的"战国"系列家具，其设计元素来源于春秋战国时期的楚布币，整体造型符合楚布币"下大上小、稳重大方"的特点，家具腿形取意楚布币的抽象变形，以弧形线条体现产品极强的扩张力，造型简洁大方。

③转换、替代或减少红木应用，通过应用新材料和质感对比来增强家具的现代感；如联邦家私采用橡胶木、松木等材料作为基材，东莞华伟则选用榆木皮作为家具贴面，通过精致的工艺来显出时代感。

④挖掘、探寻、选取中国传统文化典型的素材和概念，通过品牌策划突出文化内涵；如联邦家私"江南世家"系列分别选取"荷塘月色""秦淮烟雨""静月听蝉""琵琶行""杨柳风""桃花源记"等具有江南风味的文化概念来增强家具产品的文化内涵。

⑤抽象出传统中式家具的原型体系，结合中国审美和工艺文化进行变革式的创新；台湾青木堂公司的"自然·理画"系列则旨在通过优雅的曲线来营造江南文化神韵，表现"道法自然"的东方哲学。

2. 材料以木为主，用材突出展现传统木文化特征

随着稀有珍贵木材资源的日趋匮乏，现代中式家具用材不再单纯热衷于深色名贵硬木，而更注重对家具造型的艺术化、个性化表现，专注于借助家具的品质和人性化内容来提升商业价值，而不是靠木材的价格来增加产品吸引力。固然中国传统家具热衷于红木用材，但相对于现代家居装修环境和生活方式而言，造型简洁、色彩自然明快的家具更受消费者喜爱。同时，再生资源可持续利用原则逐渐受到家具业的普遍重视，绿色设计也成为现代中式家具的热点，家具企业也在致力于通过先进的技术和工艺来展现材料的天然质感与肌理，通过对木材特性和质感的理解对木文化做出新的诠释。如联邦家私主推的橡胶木；华伟家具的"写意东方"系列主要应用榆木和贴面工艺。总的来说，现代中式家具的用材倾向于：以软木岱替硬木；材料应府最简化；多种材料的组合应用等。但无疑木文化始终是表现中式家具特征的关键所在，不管材料应用如何变化，设计师都在最终的家具产品中谋求一种与中国木文化相符合的品质和效果。

3. 造型"尚古"而且保守，偏重于"古韵"的表达

现代中式家具的设计初衷旨在打破西式家具呆板、僵硬与冷漠的机械感，并在家具中增加中国文化的内涵，因而中国传统家具的造型和文化被引人进来，并成为增强文化意涵的主体，所以在"度"的衡量上，"古"的比重越来越重，众多家具企业又对明清家具推

崇备至，秉持着"非明式不中国"的观念，因而在造型设计过程中受到传统样式过多的限制和约束，使得最终的设计作品较为保守，基本上是传统样式与现代家具的折中主义表现，在设定的文化概念范围内将传统元素、符码进行打散、重构后直接附加到传统家具的骨架之上。值得注意的是，现代生活环境和生活方式应该是现代中式家具存在的必要背景，而不是古代的或传统的，因此其设计过于"复古"会造成产品与环境的脱节，而且很难与现代家居相适应，家具的造型设计应在传达古意的同时增强现代感和时尚内容，使古意成为家具的来源，而现代感才是家具的最终目的。

第六节　当前现代中式家具设计的问题和误区

当前国内众多家具企业对现代中式家具的概念和方向并不明确，而仅仅基于"中式 + 现代"这一认识之上的设计作品大多将重点集中在传统中式家具造型与现代生产加工技术的结合问题上，而忽视了对中国历史传统和地域文化内容的深度发掘，这样设计出的家具往往是"应用机械加工的明清家具仿制品"或"应用红木材料的现代家具仿制品"，并未在家具产品中将现代生活时尚需求和中国传统文化精髓很好地融合，相反给人的整体印象是"不中不洋，非古非今"的折中主义设计，在新奇而富于变化的造型中却总是缺少和谐性。总的来讲，当前，现代中式家具设计过程中存在的误区主要体现在以下几点：

1. 形似仿古

中国传统家具工艺在明清时期达到了"历史高峰"，也形成了固定的形制和制作工艺。目前明清家具式样仍是仿古家具的最佳摹本，"市场上见到的中式家具大多为仿古型"，如明式圈椅、官帽椅和玫瑰椅等。许多"现代中式家具"往往为了体现古风古韵，刻意采用或模仿明清家具的样式，保留诸多明清家具的元素，从而减弱或失去了创新的成分。如明式圈椅的栲栳圈、扶手椅的"S"形靠背板等结构部件往往被不加变化地应用到最终家具造型上。这也使得家具造型难以超越明清家具形制的限制，其造型更像是复古或仿古，而并非创新。

2. 强加文化

如何在产品中融入传统文化内容和地域精神是当今设计的热点问题，现代中式家具设计也不例外。某些所谓的"现代中式家具"往往冠以相当抽象或诗意的文化概念或名头，如"唐风""汉韵""明清风骨"等，而实际家具的造型却很难让人在产品与其标榜的文化内容上产生联系。也就是说，设计师所采用的"设计语汇"并不能唤起人们的设计认同或文化认同，其仅仅是站在自身的角庋上去强加给家具一种文化概念，而并没有去研究公众对此文化概念的认知和接受程度，其结果往往造成设计师"自言自语"。

3. 盲目简化

由于受国际主义风格的影响，家具业内曾流行一种观念，即现代中式家具设计是对传统家具造型元素的概括、提炼和简化。因而，诸多省去了古典家具中的装饰部件，并被赋予素洁平整的表面肌理的家具就被冠以"现代中式"的名头。但不管是从造型上还是结构工艺方面，都很难辨认出中式家具的特征，反而与现代西式家具风格更为接近。其主要原因在于对形式的简化过于盲目，而忽视了简化形式与整体家具造型的和谐性。

4. 刻意解构

解构方式是现代先锋设计的惯用手法，旨在突出一种"新异意识"，使作品体现出一种出人意料的独特性。某些新家具在设计过程中也流露出许多解构主义的理念，如将明式圈椅的拷椿圈与箱柜组合，将靠背、扶手、框架肢解后重组等。这种解构方式多是出自对时尚审美情趣的迎合，而缺少对生活方式、使用功能和家居文化的分析和探究，因此这类家具更像是时尚工艺品，而难以成为"登堂入室"的生活家具而得到广泛应用。

综合以上误区，当今现代中式家具设计的问题主要在于过分强调风格特征的差异性，着眼点集中在中式古典家具的再造和演绎上，而未能跳出家具范畴，从中国传统文化的整体和宏观入手深入发掘中国家居文化、生活方式及器具美学的内在本质；也未能批判地扬弃古典家具中惰性的、僵死的东西，而吸取活性的、有价值的东西，赋予家具新的理念和新的韵味。因此对于中国家具文化的理性分析和系统研究是现代中式家具设计的重要内容。

第六章　中国传统古家具工艺

第一节　中国传统古家具概述

一、中国传统家具发展史

家具作为一种生活用品，在我国的历史已悠久，源远流长。中国家具的产生可追溯到新石器时代，由于受文化和生产力的限制，家具都很简陋。原始的人类都习惯性的席地而坐，所以，出现了席、案、几等低矮型生活用具，用来满足人们日常生活的需要，同时这些称之为家具的用具都很原始和粗糙，更谈不上美感，仅仅是供人们使用的工具，但它却是我国古代家具发展历史上的源头。随着人们的生产方式和生活方式的不断变化和提高，家具的形态也在不断地变化，给人们的生产生活提供方便。

1. 低矮型家具时期

低矮型的家具的出现是为迎合当时人们席地而坐卧的生活方式，这一时期的家具大多数是色彩绚烂，造型古朴，质地浑厚，用料天然，结构简洁。

（1）夏商周时期

这一时期家具的雏形刚刚显现，大多以木质家具为主，到了商代青铜家具和漆木家具的出现丰富了家具的用材和使用。石质家具早在原始时期就出现在人们的生活中，只不过当时的原始人类用天然无加工的石块作为用具。史书中提到，此时木质家具出现了几、箱、屏风、和大型的床，青铜家具出现了摆放祭祀用品的俎和整体浑铸的床、案。此时家具造型原始、装饰简单。奴隶社会时期人们崇拜祖先、大兴祭祀、观念盛行，石质家具和青铜家具已有神鬼凶猛之感和象征权利的威严的装饰纹样。

喷漆技术在新石器时代就已经出现，发展到商周时期喷漆工艺已广泛应用在家具的装饰上，如彩绘图案、镶嵌技术，贝壳镶嵌为以后的喷漆螺钿镶嵌家具开创先河。

（2）春秋战国时期

春秋战国时期，家具的种类随着手工业的发达和社会分工的明确也出现了新的种类，如几、床、箱、衣架、柜。喷漆工艺不断发展，用漆装饰家具，保护木质，能够使家具的使用寿命更长些。喷漆彩绘与镶嵌饰件工艺在漆木家具的装饰中展现得淋漓尽致，反映当时的漆饰工艺已相当成熟，以造型简练、新奇华丽和气派庄重的楚式风格的漆木家具为典型。浮雕和透雕的技术开始应用到家具的装饰中，为后来的家具雕刻工艺打下良好基础。

木质家具中形体较大的多是框架结构，以榫卯连接，形成了中国传统家具的重要特征，并沿用至今。青铜家具在造型和工艺上已有很大提高。这一时期家具以龙凤云鸟纹为主题，充满着浓厚的巫术观念，有异常绚烂的色彩，心驰神往的图案，并开始具有纯粹意义上的欣赏价值。

（3）秦汉时期

这一时期人们使用的家具仍然是低矮型的家具，如：席、几、案、屏风、床、榻、箱、柜等，没有固定的摆放位置，随用随置。秦汉时期是中国封建社会发展的巅峰时期，经济发达，国力雄厚。喷漆技术不断发展，品种繁多、数量较大，在继续使用传统的漆艺装饰技术上，还出现一些以金属配件、珠宝镶嵌用来装饰家具。家具的用材也宽泛到了玉、竹、陶等材质，为人们的生活提供了新型的家具。

2. 低矮型向高型家具过渡时期

两晋、南北朝至隋唐，家具造型简明、线条流畅、朴实大方、更注意装饰效果，出现高柜与桌案家具。

（1）三国两晋时期

三国两晋南北朝时期，战争不断，也促进了各民族人民文化生活的交流。自从胡床从少数民族传入中原后，高型家具慢慢地被中原地区的人们使用和推广，促进了家具由低矮型向高型发展，但从总体上看，人们生活使用的家具还是以低矮型家具为主。在装饰工艺上泛起了新的技术，主要有斑漆涂饰、绿沉漆涂饰、木板漆画和金银参镂带等。相传三国曹操使用的漆器就是绿沉漆漆器。

（2）隋唐时期

进入隋唐时期，社会稳定，人们生活富裕，垂足而坐盛行，促进了高型家具的发展。典型的高型家具有椅子、凳、桌子等，逐渐增多并广泛运用到生活的各个方面。并形成了新式高型家具的完整组合，在上流社会广泛流行。这一时期家具追求清新自由的风格，摆脱了以前的古拙特色，取而代之是尊贵华美、丰裕端庄、流畅柔美、雍容华贵、清新淡雅的唐式家具风格。

在造型上，优雅别致；体量上，宽阔宏展；结构上，很多家具仍沿用壸门结构；装饰上，常用螺钿、金银平脱、金银绘、木雕、雕漆、夹纻、蜡染等装饰工艺。珍贵家具选用质地细致、纹理美观的木材，经由天然干燥，精工细作后再漆饰，用棕叶、砥草擦磨，使漆料填尽木材管孔，家具外观光亮滑润尤为名贵。

（3）五代时期

五代时期家具是高低型家具并存，进一步向高型、成套化发展的一个特定过渡时期。在结构上吸取中国建筑大木构架的做法，形成框架式结构。这种淳朴、坚固、柔和的结构，成为中国家具的传统结构形式。这个时期家具在功能上分类细致，在风格上崇尚淳朴简练、朴实大方，家具陈列由不定式格局变为相当稳定的格局。家具的品种繁多，如几、案、桌、凳、巾架、衣架，以及箱、橱、柜储物类等家具。

3. 高型家具发展流行时期

这一时期，家具造型结构变化较大，讲究结构与比例的合理有序。风格特点在现代日式家具与台湾家具中还见痕迹。

（1）宋代时期

宋代家具造型质朴隽秀、简洁工整、柔婉文雅，结构主要以框架结构为多，以公道精细为主要特征，装饰简约隽秀，偶尔在局部稍加装饰点缀，仍然采用框架结构，同时还注重家具的形状、尺寸、结构与人体的合理关系。家具在室内的布置有了一定的格式，恰是在不断进取和摸索的过程中逐渐形成了自己的风格。

宋代是中国家具史上继往开来的重要转折时期。

人们的生活习惯改变，淘汰了低矮型家具，被垂足而坐的椅、凳等高型家具取而代之，结束了几千年来席地而坐的习俗，如太师椅、抽屉厨、镜台等。中国最早的组合家具是在这一时期出现，称为燕几，也是世界家具史上最早的组合家具。矮型炕桌安放在榻上作为待客茶几，是一种新的布置方法。此时屏风使用广泛，注重屏风的摆放位置，其观赏性大于实用性。

（2）元代时期

元代家具给人感觉是造型饱满，色彩深艳。元朝人对中国家具舒适性和适用性的一种创造性贡献，改桌子的直枨为罗锅枨。

4. 鼎盛的明、清家具时期

鼎盛的明清时期，基本定格为高型家具，中国古代家具的发展到明清时期完全成熟。民族精粹的明式家具，富贵雍容的清式家具。特别是明代家具达到了东方中国家具的巅峰。清代家具数量增大，注重雕饰而自成一格。

（1）明代时期

中国古代家具经历了几千年的发展与变革，到了明代为大盛时期，更多地成为世人所研究和欣赏的对象。明朝时期由于海禁开放、郑和下西洋，不断地把国外的思想和各种名贵硬木带回国内，为制作精致的家具提供可能性。明代家具体现人体工程工学，注重使用功效，线条舒展温婉地勾勒，风格高贵典雅地体现，极尽家具之美。明式家具的古雅简洁、舒展大气成为中国古代审美趣味结晶之代表。明式家具制作技艺在继承宋代小木工工艺上日臻成熟，表现出结构严谨、线条流畅、做工精湛、用料考究、造型典雅隽秀、尺寸与比例科学合理等特点，形成了举世闻名的"明式家具"风格。

（2）清代时期

清朝以康熙和乾隆的统治时期为盛世，政治稳定、经济和文化繁荣发展，在这段时期内家具的样式有很大转变。此时清代家具外形硕大、浑厚、稳重，装饰烦琐、制作精细，显示出皇家权利的庄重和威严。

清朝距离我们现在的时间相对比较近，保存下来的家具实物较多。清代家具分类详细、功能明确，以卧室、厅堂、书斋等不同使用情况进行设计。装饰手法有描绘、雕刻和镶嵌、金属部件等，图案采用具有象征意义的富贵多福、吉祥如意、延年益寿、官运亨通之类的植物、人物和动物等为多。由于经济繁荣，清代家具作坊多集中沿海地区，形成了以苏式、京式、广式等为主不同地区的家具风格，苏式重凿磨，京式重蜡工，广式重雕工。

二、中国传统家具的审美观念

中国传统家具受中国古代儒家、道家与禅宗文化的影响和熏陶，不论是在审美观念还在表现形式上，都显示出了特定历史时期的民族文化与社会的意识形态。

1. 儒家的美学价值观——中和之美

儒家美学的核心思想若用两个字来概括，即"中"与"和"，其概念即是"中和之美"。儒家"尚中"的思想造就了中和意韵的道德美学原则，影响着传统艺术的创作思想、审美观念等方面。如中国古代建筑以中心轴线为中心，呈两侧对称形式，集中体现了儒家文化的中和之美。中国古代道德以"中庸"为至高的德性。中庸就是指"中和""中正"，在内容上着重适中，张弛有度。在传统家具上的运用有其独特的特点：

（1）中式传统家具主要塑造木材色泽与纹理之美。束腰带霸王枨方凳就是一例。

（2）传统家具的整体与局部，包括长、宽、高等，或是局部与局部之间的比例都非常协调。例如，圆后背交椅各部分的比例非常适宜，椅子让人坐上去感觉非常的舒适。

（3）在各式传统家具中，大多按照中庸的特点制作，中轴线对称分布，体现了对称统一之美。比如一些椅子的造型：太师椅、御宝座、官帽椅等。以及一些用具的雕刻图案，像是屏风、平头案、品子栏杆橱架、翘头案、书架等。

2. 道家的美学价值观——虚空之美

道家所尊崇的是天地万物的一种自然而然的生成之道，老子提出的"大音希声""大象无形"与现代主义大师密斯·凡德罗提出的"少即是多"具有相似之处。庄子提出的"既雕既琢，复归于朴"就是可以人为的雕琢，但是这种修饰雕琢的目的在于要让人们看不出有雕琢的痕迹，化有形于无形，以有形的装饰达到无形的效果并营造出某种意境。道家思想作为中国土生土长的文化，与正统的儒家思想形成互补关系。

道家美学的审美的境界是"虚空之美"。道家讲究道法"自然"，强调"师法自然"，这种自然一指不是人为造作的物质本体；二指自然环境，山水花鸟。庄子的"天地有大美而不言"是自然无限美，人生何渺茫。以巨大的自然对比渺小的人。道家重视万事万物皆应顺其自然，主张"天""地""人"合一的自然观。正是由于制作者将道家这种思想融入传统的家具制作当中，才使得明式家具带给人置身于大自然怀抱中的感觉。而这种安逸恬静的感觉，这种心灵的舒适正是道家"天人合一"的思想与家具的完美结合。在材料的选择上明式家具具有其独特的特点，均以天然的木材为主，木材表面不加任何涂饰，充分体现了木材的自然材质之美。道家"天地者，万物之父母也"（《庄子·达生》）的思想提倡人应当顺应自然规律，尊重自然、不能破坏自然，应当热爱自然的理想境界。道家思想"既以为人己愈有，既以予人己愈多"《老子·八十一章》"为人""予人"带来的并不仅仅只是自我牺牲，相反，没有"为人""予人"，个体就不会"愈有""愈多"，而是损人不利己，造成不和谐。言下之意就是局部服从整体的辩证思想。

3. 禅宗的美学价值观——静思之美

"禅宗"是中国本土产物，早年间佛教文化传入中国之后由六祖慧能创建，经过历史的演变于宋元时期形成了一个具有鲜明特色的中国的佛学宗派。禅宗虽属于佛学派别，但是受道家思想的影响也追求人生境界。主要表达对于神秘事物的感受以及领悟，对一些风景、花、鸟、云、山的直观感性的生活方式的描绘来表达"瞬间的永恒"，超越了一些形式之上的追求。禅宗的思想认为一切事物都是虚幻的，而心灵的顿悟才是事物存在的根本。所以禅宗思想的核心是"空""空寂"，达到一种无欲无求的境界——"心""境"两忘，逃脱一切形式上的束缚，获得心灵上的释放，意境冲淡高远。"禅"可以说是一种审美的感受，它的美学的意义不在于自然，形式，人生，而在于自身的"空"的心境，这种心境可以从当时的家具中完美地呈现出来。禅宗的空是通过对色（自然）的描写来体现的，自然本身是无意识的、无目的，是"无心"而成的，由此才具有了可感受性。宋代的家具由于受"色空"思想的影响，把唐代家具中的箱式构造减弱了，使其更加通透，进而发展了空灵的梁架式结构。

并在此基础之上，使家具的结构、功能与形式美完美的结合，形式上体现了抽象与极致的线条感，且去掉了各种雕饰。禅宗脱离了五光十色的表象世界，着重体现从普遍现象中领悟出永恒的静的本体。如明、清家具的总体感觉是静，但细处却是动中有静。例如官帽椅，从腿、搭脑、靠背板到线角，整个线条具有动感，但是整体组合之后却传达出永恒的静的意味。禅宗讲究"悟道"成佛，其"悟"的方式并不是传统的烧香拜佛念经，而是从平常人的日常生活中去积累，去揣摩，去经历，去感悟，最后随着机缘的到来被一点即破，获得"瞬间的永恒"。

宋元时代的人注重日常生活，力求于创造形而上学、营造可与内心沟通的环境与生活方式（焚香、品茶、弹琴、小憩等）。在家具上这种特征被完美的呈现。

第二节　中国传统古家具特点

一、传统风格家具的特点

相信中式风格的家装在我们生活中并不少见，因此，一款优质的中式风格家具不仅能给你的家装带来意想不到的效果，还能提升你的品味。打造中式风格家居，传统风格家具是不可缺少的物件。传统古典家具制作构思，是人脑的一种创造性思维活动，这是要求工匠在自己的头脑中构建一定的制作要求和程序，进行全面的想象。包括有制作形式的构思；有制作内容的构思；有传承工艺要求的构思；有制作模仿的构思；有传统风格现代家具制作的构思。这些构思和要求，以口传身授为特点，以工匠自身的工艺差别为特征。

古家具制作形式构思，是指需求者或是制作者，想做什么样式的家具问题。古家具一般有两种形式，即原汁原味的仿古家具形式和传统风格的家具仿古形式。

利用传统风格的家具"符号"，由人们对古家具的感情艺术心理，转化的艺术情感创作的家具。人们按着古家具的传统艺术风格，运用现代家具理论和艺术观念，注重古家具的造型、线条、用材、结构、尺度以及制作工艺的发展变化，按着现代生产技术工艺过程，改进和制作的高档家具。也可以说，是站在传统和未来的桥梁上背负着传统，做出创新；背负着改革，展现未来；背负工艺，弘扬传统。这样制作的家具称为传统风格家具。

古家具的制作的形式构思，随着现代人们文化素质的提高，审美艺术理念的增强，住宿环境的改善，经济生活方面的安定富裕，社会需求日益提高，一直在发展着。另一方面中国古家具的艺术风格，是植根于几千年中国人传统民俗生活当中的，这种传统的风格特点，能让人们崇尚自然的家具环境，返璞归真民族的艺术特点和特征。

1. 传统风格家具之案

案细分为供案、画案、书案。供案通常在厅堂中陈设，多采用雕刻作装饰。案出现在神圣的场合，后来出现的画案、书案则是案类家具的生活化，很能体现中国文人的审美特点。

2. 传统风格家具之桌

中式风格家具中桌子有长桌、方桌、书桌、炕桌等。厅堂方桌是一家的门面，通常要上好的硬木，造型稳重端庄，做工细致，装饰考究。

3. 传统风格家具之椅

椅分为太师椅、官帽椅、圈椅等，不同的椅子有不同的大小尺寸，其中清太师椅最大，常放在正厅中。

4.传统风格家具之床

床一般是四柱式或者六柱式的架子床，架子上可以围上帷幔，床顶部有顶盖。这是不是有点"屋中之屋"的意思呢？中式床还有罗汉床，有点像加宽的长条椅，没有架子，通常放在书斋午休时用。传统风格家具中以明式家具最为出众，造型简练、以线为主，严格的比例关系是家具造型的基础。明式风格家具的局部与局部的比例、装饰与整体形态的比例，都极为匀称而协调。

此外清式传统风格家具在用料选材上，推崇色泽深、质地密、纹理细的珍贵硬木，尤以紫檀为首选。工艺上装饰丰富。注意装饰性，是清式风格家具最显著的特征。

二、传统古家具材质特点

传统古家具有重实用和重观赏相结合的演变过程。中国传统古家具的实用艺术和观赏文化博大精深，其中贵重材质占有重要的地位。解读家具材质也是家具文化的范畴，包括木材的干湿、硬软木质的僵硬与软脆、机理纹路的变异、色泽纹样的搭配等方面。

材质代表家具用材质量的好劣，材质在一定情况下可以显示传统古家具的档次和品位。华贵材质自然首选红木、紫檀、花梨木。相近贵重材质有鸡翅木、橡木、团枣、榉木、核桃木等。以上这些材质比较稀少，显得珍贵还在于其木质硬度适中，色调和木材纹路自然、丰满、柔和，质重沉稳和变异性小的特点。

当然，传统古家具材质泛指上千种的木材，而且家具制作工艺中，对材质的运用同样有广泛性，上千种的木材只有红木、紫檀、花梨木几个树种的华贵，显然是不合理的。为此我们有必要对传统古家具的传统用材知识进行必要的认识。

传统古家具的制作中对选材的加工工艺非常讲究。俗语有：三分下料七分做。

这是木工加工工艺在运用材质方面的一个要求。"三分下料"就是工匠对木料材质的选择、搭配、合理运用与选材配料的方式。

工匠们要认识木材的材质，是按照锯材的面板或是框枨的纹理认识木材的干湿，认识木材的变异性，掌握木材制成家具后的变化状况。传统俗语对工艺好的工匠讲究：三年出师六年成，八年以后好营生（指技术）。

木工学徒从出师到技术的形成，匠师们对木料材质的认识、选择、搭配、合理运用不是一日之功底。如果想要认识传统古家具，我们一定要探讨选材的深层次工艺，应当了解家具制作过程中材质一般运用的知识。这就是好家具材质一定好，好家具还要材质搭配和合理利用好。否则，好材质木料搭配和合理利用存在问题，也不是一件好的家具，所以，传统材质工艺的运用，占家具质量好劣的三分。

家具制作过程中，材质运用还有讲究。俗语有：春制家具暑不做，卯鞘结构要牢实。

这是说春天制作的家具木质干燥，榫结构牢实不会变形。暑伏天气制作的家具木材潮湿，榫结构会松动。所以，从传统古家具的形状变化中，我们基本上也可以看出加工时是否存在材质的干湿问题。

家具演变过程中，材质的运用也是在历史中形成的。大约至唐到明时期，中国的木材资源丰富，粗大的木材、名贵的木材比比皆是。那时雕花的镶饰家具较少制作，高档家具的材质，多以一种硬木料制作。尤其是活动性的搬动家具，如凳子、桌子、几案等为代表的品牌。现存大量的明式家具，尤以结构合理以及木质好，以实用和耐久的特点见长，就是一个很好的例证。

清时期以后，传统古家具雕花镶饰有很多高档家具作品，用料产生了相应的变化。具体制作中，各种硬软木料搭配的现象很多。如变形小、木质好的黄杨木、椴木、柳木等软木用于柜子的雕饰，用较硬木料制作柜桌的腿或是框料。桌子、坐具用肌理好的名贵硬木。

传统古家具制作工艺的合理配料，在历史演变过程中的清时期特别讲究。如木材的利用率总是好的材质与劣的材质并存，而往往是好的材质少，劣的材质多。 在传统古家具制作工艺中，有口诀：

框料腿料选硬料，镶板花板选软料。

坐具必选硬木做，柜橱要选材质好。

先选面料和腿料，柜门屉面留好料。

侧面背面搭配做，内框底版剩余料。

对中国传统家具的认识，主要是明清家具。有些学者说清代家具不如明代家具好，不是这样。明代家具是根据明时期的客观环境制作的，其面阔的线条形式可能适合现代人的需求观。清代家具是根据清时期的客观要求创造出的那个时代产物，是雕花和镶嵌的吉祥工艺文化用于家具的生活之中的。我们如果说明式家具用料考究，那么清式家具配料考究，是完全符合事实的。

由此，在传统家具的制作工艺中，华贵材质固然重要，用料和配料同样是档次和品牌的重要内容。加之又有各个地方和地区树种拥有的特点，加之制作工艺和风格的差异，形成了中国南北方家具的珍品。比如，南方的樟木、鸡翅木、榉木、橡木、樱桃木、杉木、黄杨木等；北方昀核桃木、槐木、水曲柳、香椿木、柳木、椴木、楸木、榆木等。这些材质，只要用料和配料考究，加上精致的工艺造作，自然同样可以制作家具精品。

三、传统家具装饰特点

1. 首先传统家具具有怀旧的情调

当我们看到这样的家具往往会深刻感受到我国深厚的传统文化，并产生对历史的无限敬仰与向往，面对传统家具我们很容易就会心无杂念，变得和它一样纯朴。传统家具深厚的内涵需要我们花时间去慢慢品味，在无形之中我们性情也能得到陶冶。

2.传统家具具有天然的气质

我国古代家具往往运用优良的材质；在装饰工艺上，其内容均取自自然的万物，如花鸟鱼虫、飞禽走兽、山水树木等，将丰富的想象与美好的寓意贯穿其中。如清代家具常常出现蝙蝠、梅花鹿、怪兽与喜鹊，旨在取其谐音，而在对人物的刻画上，又常常是每个人面带笑容，反映出中华民族百折不挠、乐观向上的精神风貌。

3.传统家具具有一种洒脱的大气

古代家具多放在宽敞明亮的房屋之中，如放在中堂里的条几、屏风和卧室中的架子床等，传统家具的本身尺寸也比较大，而且进行了精雕细刻，这样的家具放置在家里让人自然而然就能感受到它的奔放洒脱的气质，你也能在无形之中受到它潜移默化的影响，变得一样豪迈。

第三节　中国传统古家具的形式

一、中国传统家具元素的艺术美

中国传统家具从商周的青铜器家具到汉代漆器家具，从魏晋的高坐家具到明清硬木家具，其历史悠久，自成体系，具有强烈的民族风格，尤其以古雅精美的明式家具和雍容华贵的清式家具，最具有吸引中外的魅力。家具除了满足基本使用功能外，还被赋予了人们关于审美和美学、关于生活的本质和意义等方面的精神情感。因此，家具不是一种简单的生活用品，而是一种艺术形态，这种"实用"的美来源于生活，并通过一定的艺术方法用一定物质形式创造出来。它的艺术美具有永久性的特征，一旦被人们创造出来，就可能跨越时空，流传百年。

传统家具艺术简洁、合度。理解家具艺术主要体现在家具韵味中，可以归纳为"古""雅""精""美"。其中，"古"所表现出中国传统家具提倡朴素无华的艺术理念，不求繁缛装饰，纯粹自然。注重材质美，表现木材本身的纹理和图案体现质朴之风。雅是指传统家具的材质、形态、结构工艺、装饰等所形成的总体风格具有典雅质朴、大方端庄的艺术美。如家具造型中直线和曲线的对比，方和圆的对比，横与直的对比，具有很强的形式美。家具的装饰也寓于造型之中，简洁大方，如总体风格典雅脱俗，耐人寻味，具有很高的艺术价值。

精是指传统家具结构工艺严谨精确，非常注重结构美，主要体现在榫卯结构的运用上，榫的形式多样，并适应多种连接结构，不用钉和胶，既符合功能要求和力学原理，又使之牢固，美观耐用。美主要体现在家具的体态和造型干练。注重面的处理，比例合度，线脚运用适当。又运用中国传统建筑框架结构，使家具造型方圆立脚如柱、横档枨子如梁，变化适宜，从而形成了以框架为主的，以造型美取胜的明式家具特色，使得明式家具具有造型简洁利落，淳朴劲挺，柔婉秀丽的工艺美。因此，家具的艺术美是能够满足人们生活需要的，同时并且丰富人们的精神生活，给人美的感受，并且是艺术与技术的完美结合。

中国古典家具也强调家具的意境，是一种着眼于形的艺术与文化意境，它含蓄而深刻，给人带来精神上的感受与共鸣。正如中国古典园林建筑中强调天人合一的理念与境界一样，它为生活增添了艺术情趣和审美享受，具有很高的艺术特征与文化价值。明式家具具有高度艺术美感与独特精神气韵，被当代文人学者誉为中国传统文化的珍贵遗物，也标志着中国传统家具从此走向成熟。

从明式家具的审美特征和文化内涵，以及造型、结构、材质、装饰和实用的方面分析来探讨传统家具的艺术特征，从而为传统家具元素与现代家具设计的融合提供理论基础。明式家具被后人视为传统家具中的典范，它的木质、装饰、纹样、线条、块面的精美品质，不仅具有自身的实用功能，还具有极高的美学价值，在"实用"与"美"的交融碰撞中展现的是中华民族博大深厚的文化底蕴和艺术高度。中国传统文化下的明式家具是中国传统家具中的骄傲，它简洁的造型、精炼合理的结构指导了现代家具的发展，如现代家具设计代表人物汉斯、维格纳等，这对后来现代家具的传承与延续影响深远。

1. 意之美

在中国历代家具风格中，明式家具最能完整体地体现时代特征、人文气息、文化内涵和审美底蕴。明式家具的自然大气、简明朴素的风格与中国传统美学精神中"天人合一"的宇宙观是分不开的。中国古代"天人合一"的哲学思想体现了中国传统美学在关注人性，强调体验，把握和体验万物的同时，形成了意中人对宇宙时空的信赖和对人对自然万物相和谐的氛围。天时，地气，材美、工巧这四者的相合，也就是自然因素的"天"与人为因素的"人"的相合。"天地合一"这一宇宙直接渗透和统摄在包括建筑、园林、居室乃至家具、器物陈设的中国传统审美文化精神之中。苏州园林的出现促使了明式家具的发展，苏州的私家园林的居者是明式家具最初的使用者。

私家园林的这一特殊的建筑形式是和魏晋时期的一批名士，由于不满于政治的动荡和统治者的斗争，隐逸于江湖，归复于山水的精神气候分不开的。文人逸士的自家建造园林中过程对其自身的自然有着重要的实践性影响，隐逸、归复之风的流行，几乎是和对自然的审美意识的彻底觉醒同时出现的，或者说二者是互为因果的。私家造园活动至明代达到了高潮，文人在追求自然、发掘自然、再现自然的过程中，自觉的赋予自然以至善至美的人格。明代园林不仅是私人宅第的一部分，也是一个集奇、古、名、雅的价值系统于一体的宅第的延伸和扩展。尤其值得一提的是，明代江南私家园林的园主大多是能书善画的文人墨客，但是他们对园林、宅第、甚至家用器物的造物观念，艺术取向是有一定的见解的，对园林内所拜访和使用的家具从最初的参与设计，到后期亲自创作制造，所体现的不仅是要建造一种崭新的生活方式与环境；也反映出当时社会明式家具的盛行；以及明式家具下，备受肯定的"简远""疏朗""雅致""天然""高逸"的审美情趣。文人墨客对传统家具形制、材料、审美、结构、功能的直接介入，使得明式家具具有很浓郁的人文气息，代表了明代一批文人雅客的文化与审美观念。他们所追求的是造物活动下所散发出的浑然天成、质朴、典雅、含蓄的意境，在某些家具造型中，例如条案中"书卷"的造型代表了一代文人的趣味和书卷气息。明式家具的设计语言精练，构造巧妙，用材恰到好处。在家具的设计与造型的构思上，比例、尺度、虚实、对比、呼应，功能与形式结合完美。中国传统美学和思想中提倡"天人合一"的理念，这种"天人合一"的理念也展现在明式家具中，使得家具浑然一体，大气非凡。

2. 形之美

"形"是指物体的外形或形状，"形"与"态"密切相关。

对一切形体而言，由物体的形式要素能给人传达一种有关形状的"态"的感觉。形态综合起来产生的美，就中国古典家具而言，是特有的中国"韵"味。任何艺术作品都离不开"韵"味，韵的形成也是有一定的章法而成。韵味是艺术作品追求的最高境界，中国古典家具体现出的"韵"——简洁、合度，设计具体而言主要是通过家具的"线"形律动加以体现的。"线条"是艺术作品构成的基本元素，它不仅是一种造型元素，而且不同的线条有不同的性格特征和审美差别，形成的视觉和心理感受也不相同。有些线条由于能够代表一定的文化和审美而被约定俗成为一种民族艺术形式。

"线条"在中国传统艺术中的运用，特别是国画，每根线条都在传达特定的意境，成为民族符号的象征。在中国古典家具中，明式家具形态元素正是"线"艺术的代表，它以线为主，面为辅，主次分明。家具线条轮廓舒畅与忠实，雄劲而流利。例如圈椅中靠背与扶手的弧线优美，富于变化。椅子扶手下方的鹅脖造型独特，兼具使用与审美功能。另外，明式家具整体造型在用线上和谐适度，具有节奏与韵律之美，例如圈椅中扶手、矮老等造型。在直线与曲线的运用上，融和对立，具有对比与协调的形式之美。

在线性的造型中，探究细节，多有变化的构件线型的样式种类繁多，如方形、圆形、扁圆形等形式，并在此基础上，又有更多形式的发展，变化丰富，形态各异。总之，明式家具的"形"—线的运用，是中国传统绘画艺术的升华，关于实用器物"线"性形制的创造，是古代智慧与艺术文化的结晶。与同时期西方家具建筑、体量式的形制而言，中国家具从中国传统书法、绘画中汲取精华，将"线"流露出的精神意境发挥得淋漓尽致，体现了中国传统家具造型对"线条"登峰造极之作。各式线条被生动地表现在家具部件轮廓的线型变化上，简洁抽象的直线和曲线的运用，一方面理性严谨，一方面温婉优美，在两线条的交相呼应中，具有很强的节奏感和韵律，使得整件家具个性鲜明。线条的应用在家具中既是结构件，又是装饰，从线脚、到牙条等，将榫卯结构隐含其中，含蓄而精致。椅子曲线圆劲有力，极具韵律节奏之美感，圈椅的上圆下方源自中国古代"承天象地""天圆地方"的哲学观念。

再譬如香几，几面圆形，束腰状，壶门行曲线的膨牙板以插肩榫与几腿相连。五条腿呈大曲率S状，腿端外翻上附为卷叶纹饰，长腿柔婉极富弹性，腿下端踩踏圆珠与托泥相操。托泥下设五个矮脚落地，使整体获得稳定感。尤其五条上舒下敛的几腿设计极有弹性，含蓄有力，舒展美观，使香几具有轻盈秀丽、亭亭玉立的造型美。另外，腿足形式也是富有弹性而又程式化的线型，这些"线"都成了"明式"不可缺少的造型语言和形式特征。线条的优美曲度和适当的比例使得家具视觉效果流畅灵动。线脚种类繁多，线脚的深浅宽窄、舒敛紧缓、平扁高立，稍有更改则会使家具整体形象发生变化。其中束腰结构中腿脚向外兜转的外翻马蹄和腿脚外缘线内收的内翻马蹄，其线条由直线过渡到曲线的衔接非常自如流畅，光挺有力，有如奔马勒缰之势，颇有增一分则长，减一份则短的完美性。明式家具中许多椅子的"S"形靠背曲线，曾被西方科学家誉为东方最好、最科学的"明代曲线"，在科学性上适合人体使用功能的同时，在审美上为中国古代家具文化独具一个的造型特征增色不少。明式家具不仅造型的线条流畅大方而且细部刻画的线条也相当精致，"尽细微、至广大"，其装饰峡谷具有和结构浑然一体的特点。细部刻画精致而且主题突出，有些家具还使用金属饰件来强调某些线条。明式家具与清式家具虽都使用优质硬木，明式家具却没有清式家具沉重造作的感觉，就是因为其轻巧而富有变化的线性造型，以及收分有致的简洁细部刻画，使其原质材料的"厚""朴"与造型的"轻""巧"完美搭配，产生了既稳健典雅有不生硬沉重的气质。赏明式家具如看芙蓉出水，佳作天成。中国明式家具以其朴素、大方流畅、舒适的造型和清代家具以其稳重、豪华、艳丽、威严的风格形成鲜明的对比。刘森林先生将明式家具的造型特点概括为："尺度适宜、比例均匀；收分有致，稳健挺拔；以线为主，富于弹性；造型大方，细部精致。"明式家具造型简洁质朴，不加漆饰，不施雕琢，着意以"线"造型的优美形象体现天然材质的情趣，和中国书法的"线"的艺术，和中国建筑平铺游历的时间性"线"的艺术是一脉相承的，明式家具的造型充分体现出了中国传统审美精神中以"线"的优美形体为灵魂的艺术特点。

3. 工之美

提到中国传统家具，不可或缺的精湛之处就是它精良的制作工艺，这种工艺也演变成了中国传统家具向世人展示的一个符号，工艺之美也从一定层面反映了中国传统家具的缩影。传统家具受中国古典建筑的影响颇大，古典建筑多以木质梁柱为骨架，即木构架形式，并且采用榫卯结构工艺。家具受建筑的启发，在工艺结构上采用榫卯结构，尺寸分毫无差，严谨考究，制作精良，经数道工序制作完成，由于精习作，家具本身亦能散发出工艺之美。榫卯结构是中国古代能工巧匠对物质内部空间构造的深刻认识和对硬木物质性能的应用能力和表现能力的深刻体现。形式构造复杂多样的榫卯结构展示的不仅仅是用作制造的工艺手段，而且是一种揭示形体内在规律性的特殊语言，是建构形体赖以存在的一种结构体系。这种体系既有使用功能性，又有视觉审美性，是中华民族几千年文化的沉积和结晶。我国自战国时代已经熟练使用了榫卯结构技术，格肩榫、透榫、燕尾榫、勾挂榫为历代制作家具沿用。明式家具的榫卯精巧，坚固牢实，比例适度。这种榫卯无须金属及胶等连接，结构结实耐用，配合一些装饰加固连接构件，如牙条、牙板、托泥、屏帽等，增加强度，在保证家具的牢固性的基础上，省略了结构附件，达到了整体造型简洁、明快的效果。明式家具是运用了榫卯结合作为框架形体结构存在的条件和形式，其完善的造型实体上达到相互依存，协调统一。这种框架结构，是在汉唐的台式家具基础上，借"建筑大木梁架"原理发展出大木构架结构家具。框架并不直接完成造型的全体，而是需要通过组合的形式表达功能所需要的序列性和完整性。而明式家具正是在框架的空间组合和构成中，实现了其造型的独立性。中国明式家具在实现功能的基础上，依靠框架的自立来完成形体构成与式样之间所需的全部功能和作用，创造性的结构语言造就了一个崭新的艺术类型。

4. 材之美

古代工匠在两千多年前就生发出取材自然，还原自然美的意识。材料是自然的恩泽，工艺器物是认为的，而匠人的使命是有效的利用材料的神秘，使材料在技艺的发挥下充分显露出自然之美。宋人李诚在《营造法式》中提此天然木材成为中国传统家具材料的首选，而且在中国传统文化中，有以物的自然特性来象征人的道德、情操、品格的传统，因此家具的材料选择也表现出对优质硬木的偏爱。尤其明代由于海运的发达，进口的优质硬木大量被用于家具的制作中，如紫檀木、花梨木等，木质芳香四溢。明式家具的制作主要利用木质的自然纹理色彩，很少雕刻纹理的自然特点，给人以文静、柔和的美。明式家具的用料，如榉木、紫檀木、溪木、铁力木、红木、花梨木等贵重木材大都具有质地坚实细密，花纹清晰美丽，色泽深纯雅洁等特点。

硬质木材的这些特性和特征，给家具外观带来明显的别具一格的内在质的惊人效果。例如榉木，其质地坚硬，色泽明丽，花纹优美，尤其是树龄久长、粗大高直的树材，心材常呈红程颜色，纹理的结构呈排列有序的波状重叠花纹，在明代起着制造优秀硬木家具的先导作用。紫檀木色棕紫或棕红，性冷质重，无疤痕，表面明净有闪光，历经数百年仍可熠熠生辉，润泽内蕴。溪木花纹美丽，有硬木中硬木之称，因为木纹和色泽好似溪鸟的羽毛而得名。楠木中的香楠木色微紫，纹理呈自然的山水状，其味清香；金丝楠木，木纹有金色丝文，在明光下有闪色。红木结构细密，纹理清晰而富有变化。这其中尤以黄花梨为最美。黄花梨在粤俗称降香木，因其木材初开锯解时清香扑鼻，其纹理稠密，不论是纵切纹和弦切纹都很活泼。黄花梨木质本色偏暖，颜色纯净、透亮，呈琥珀色调，有一种让人不禁要触摸的亲切感。而且其细密松动，聚散无常的棕眼，即活节痕，为黄花梨增色不少，因其节痕常常呈现"鬼脸""狐面"花纹，因此被称为"黄花梨"。这些优质硬木制造的家具，经过几百年的使用和流传，大都在表面呈现出一种自然光泽的肌理质感，俗称"包浆亮"。是指木制在不断接受空气的氧化，人手的抚摸、抹布的擦拭等的过程中，家具的表面和棱角、边线等处呈现一种自然的、难以复制的光泽形态。包浆亮更使得天然材质含蕴丰富，耐人寻味，这种由材质特性产生的效果，进一步增进了硬木家具的艺术感染力。

各种贵重木材的色泽、纹理、质地的特性，构成了视觉感知中潜在的理性表现，同时可以看出中国传统文化对物质自然美的要求的理想境界，所谓"丹漆不朱，白玉不雕，宝珠不饰，何也，质有余者不受饰也"的准则。明式家具对优质天然硬木的情有独钟正是对"材美""自然美"为装饰的崇仰和执着。

5. 饰之美

中国传统家具尤以清式家具最尽其工，加强对形体的装饰，多种美材的镶嵌，精细繁华的雕刻，突出了家具的工艺美。尤其清代家具讲究气派、雕刻、镶嵌、雕漆、填漆等工艺技术交相争辉，起精巧之处达到登峰造极的地步。清式家具的造型变化非常丰富，各种装饰部件弯曲变化和强烈的变体呈现出琳琅满目的新颖创意，各种题材的花纹图案更是精雕细刻，在传统雕法基础上还借鉴了多种西洋雕法，为了加强紫檀、红木等深色木质的表现效果，常在起伏凸凹中突出纹样的明暗变化，见棱见角，有的局部精致的雕刻图案与光素的形体加强对比，有的则通体满雕，多种雕法结合以表现所需题材；在装饰效果上，除了用传统的嵌石、嵌螺钿以外，更以嵌瓷、嵌金属等手段增强其繁丽的艺术感染力。另外，古代漆家具的工艺在清代更是登峰造极，有雕漆、螺漆、描金、填漆等，家具造型十分讲究，形体精巧，纹饰华丽，雕镂精细。明式家具的装饰虽不如清式家具气派和繁多，但典雅简练，装饰的重心并非着眼于增添附属性的造型或图案，而在于如何将现有家具结构件艺术化、装饰化，即"结构构件是装饰、装饰化结构附件"理念，对家具整体起到含蓄、点缀的作用，不会喧宾夺主。这种装饰手法是将"自然之法"合理运用于装饰中，既不破坏家具整体简洁精练的造型，又将其"韵"味表现得恰到好处。明式家具的雕刻不似清式家具的繁杂，讲究"层次分明、虚实相宜、柔而不弱、健而不硬"。这点在明式家具的线脚中可以看出，线脚的装饰并非家具的主要构件，对家具的结构力学的影响较小，但线脚却不可或缺，有了线脚，无形中增强了明式家具的柔美感，也增添了造型细节。"素"与西方强调装饰相比，更具有中国特色，中国传统家具的"素"蕴含在造型与构件中，表现出一种特有的原则与规律。"雅"是古代文人身上散发出的一种文化气质，与传统家具体现的"书卷气"自成一体。"雅"作为美学意境，"清新雅致、大方端庄"，在家具中体现在造型的简洁、质朴的装饰、陈设的恬静、色泽的自然。中国传统家具的家具色彩与质地，主要来自三个方面：第一，是家具材料本身的材料和质地；第二，是家具镶嵌而添加的色彩与质感；第三，是家具经过髹漆工序而形成的人为加工所得的颜色与质地。从中不难看出，中国传统家具即表现自然材料之美，又重视材料与工艺的相辅相成，它们是和谐统一的整体。

6. 用之美

中国传统文化有着"美善相兼""尽善尽美"的实用与审美的统一的传统。从商周青铜器中的三角撑、到汉代的漆器的容量，明式座椅的靠背弧线，无不体现了这一实用与审美相统一的理念。明式家具是中国传统文艺中实用与审美完美统一的典范，比例精当，整体与局部、局部与局部之间的比例符合现代人体工程学原理。比如"搭脑，其所处的椅背高度与人的颈部平齐，头部恰好可以搭靠其上，称其为搭脑确也名副其实"。明式家具在设计中充分考虑人的因素，在各部件与造型上时刻关注人的坐、卧等静态和动态人体尺寸，家具符合人体工程学，在使用中舒适并方便。例如，椅子的靠背和扶手的曲度基本上适合人体的曲线，凡是与人体接触的部位、构件、铜什件都做得圆润、柔和、从而给人舒适感。因此，明式家具在功能上的科学性与其造型上的古雅简洁的完美统一使其在美学品格上不愧被称为实用与审美相结合的典范。

二、明代家具与清代家具的区别

1. 清代家具的主要特点

（1）造型厚重，形式繁多

清式家具在造型上与明式家具的风格截然不同，首先表现在造型厚重上，家具的总体尺寸比明式家具要宽，要大，与此相应，局面尺寸、部件用料也随之加大。比如清代的太师椅、三屏式的靠背、牙条、腿步等协调一致，造成非常稳定、浑厚的气势。这是清式家具的典型代表。清式家具在结构上承袭了明式家具的卯榫结构，充分发挥了插销挂榫的特点，技艺精良，一丝不苟。凡镶嵌方面的桌、椅、屏风，在石与木的交接或转角处，都是严丝合缝，无修补痕迹，平平整整的融为一体。家具的主料木材，选料极为精细，表里如一，无节，无伤，完整得无一瑕疵。硬木家具的部件和零部件，如抽屉板、桌底板及穿带等，所用的木料都是硬木。清式家具的样式也比明朝繁多，如清朝新兴的家具太师椅，就有三屏风式靠背太师椅、拐子背式太师椅、花饰扶手靠背太师椅等多种。

（2）用材广泛，装饰丰富

清式家具喜于装饰，颇为华丽，充分应用了雕、嵌、描、堆等工艺手段。雕与嵌是清式家具装饰的主要方法。嵌有瓷嵌、玉嵌、石嵌、珐琅嵌、竹嵌、螺钿嵌和骨木镶嵌等。清代除继承了明代原有的形式外，又发展了螺钿嵌，产生了骨木嵌、珐琅嵌和瓷嵌。

（3）骨嵌的作用

骨嵌用在器皿虽然很早，但是骨嵌用于家具上还是清代的创举。骨嵌的鼎盛时期是乾隆中叶，其艺术特点有：

①骨嵌工艺精良，拼雕工巧。工艺制作上保持多孔，多枝，多节，块小而带棱角，既宜于胶合，又防止脱落，虽天长地久，仍保持完整形象。

②骨嵌表现形式分为高嵌、平嵌、高平混合嵌三种，早期和盛期是高嵌和高平混合嵌，后期都是平嵌。

③骨嵌用材多为红木、花梨等贵重木材，因其木质坚硬细密，镶以骨嵌更显出古拙，纯朴。

④骨嵌题材大致可分为人物故事、山水风景、花鸟静物和纹样四类。由于工艺美术的发展，使得家具制作得以借助各处工艺美术手段，去进行综合的装饰处理。清式家具的装

饰上采取了多种材料并用，多种工艺结合，构成了它自己的特点，是历代所不能比拟的。

2.明代家具与清代家具的区别

明式家具质朴简洁、豪放规整，清代家具工艺精湛、雍容典雅。

明式家具以黄花梨木为主，极少使用其他木材。而黄花梨木家具，又以桌椅、橱柜较多，没有镶嵌和雕镂，只有极少雕刻。明末清初由于黄花梨木匮乏而改用紫檀木加工制作。紫檀木家具大件甚少，木材宽一般不过八寸，木材材质好，雕刻的较少，不做镶嵌。据行家介绍，紫檀木木种就有十几种，根据不同的材质，其价格差别较大，最昂贵的为金星紫檀。

清中期以后逐渐使用鸡翅木、酸枝木、铁力木、花梨木等，而新家具大多是用酸枝木和红木作材料。酸枝木家具，大件较多，雕刻花样多，嵌玉和牙、石、木、螺、景泰蓝等。花梨木家具也多雕刻、多镶嵌，并且近代产品多。明及清前期的家具式样纷呈，常有变化。明朝在造型上设计出了圈椅、四出头官帽椅、圆角柜、大画案等。清朝在延续了明家具风格的基础上，又设计出了特有的家具，如红木福寿如意太师椅、炫琴案、紫檀圆凳、钉绣墩等家具。另外，也可以从选材、线脚、雕刻、镶嵌等装饰手法上来判断。明大量采用硬木制成家具，更是充分利用了它的美丽花纹。

在不少家具珍品中可以看到最好的材料通常用在家具最显著的部位，例如：面心板、门心板、抽屉脸及靠背板等部位，都是用美材来取得装饰效果。古典家具采用生漆、烫蜡。以含蜡95％的蜜蜂蜡为宜，然后擦蜡打光，使家具表面光亮洁净，边角光滑。雕刻工艺精良，有创意，并且用石有抽象风格，线条优雅，干燥充分，不怕裂。近代仿制明清家具多用油漆代替，接口有锯痕，批量生产，新石料、线条繁复，易裂易变形，用钉和胶粘合。明清时期的古家具非常沉重，而新家具则较轻，只要搬动一下就大约知晓。明代家具比较粗放、随意，象大写意，清代家具比较精细、繁密，象工笔画。明代家具风格特点的了解和掌握，是我们欣赏家具、鉴定家具时所必须具备的条件。

明代家具的风格特点，细细分析有以下四点：

（1）造型简练、以线为主严格的比例关系是家具造型的基础

如椅子、桌子等家具，其上部与下部，其腿子、枨子、靠背、搭脑之间，他们的高低、长短、粗细、宽窄，都令人感到无可挑剔地匀称、协调。并且与功能要求极相符合，没有多余的累赘，整体感觉就是线的组合。其各个部件的线条，均呈挺拔秀丽之势。刚柔相济、线条挺而不僵，柔而不弱，表现出简练、质朴、典雅、大方之美。

（2）结构严谨、做工精细明代家具的卯榫结构，极富有科学性

不用钉子少用胶，不受自然条件的潮湿或干燥的影响，制作上采用攒边等做法。在跨度较大的局部之间，镶以牙板、牙条、圈口、券口、矮老、霸王枨、罗锅枨、卡子花等，既美观，又加强了牢固性。明代家具的结构设计，是科学和艺术的极好结合。时至今日，经过几百年的变迁，家具仍然牢固如初，可见明代家具的卯榫结构，有很高的科学性。

（3）装饰适度、繁简相宜

明代家具的装饰手法，可以说是多种多样的，雕、镂、嵌、描，都为所用装饰用材也很广泛，珐琅、螺钿、竹、牙、玉、石等，样样不拒。但是，决不贪多堆砌，也不曲意雕琢，而是根据整体要求，作恰如其分的局部装饰。如椅子背板上，作小面积的透雕或镶嵌，在桌案的局部，施以矮老或卡子花等。虽然已经施以装饰，但是整体看，仍不失朴素与清秀的本色；可谓适宜得体、锦上添花。

（4）木材坚硬、纹理优美

充分利用木材的纹理优势，发挥硬木材料本身的自然美，这是明代硬木家具的又一突出特点。明代硬木家具用材，多数为黄花梨、紫檀、鸂鶒木等。这些高级硬木，都具有色调和纹理的自然美。工匠们在制作时，除了精工细作而外，同时不加漆饰，不作大面积装饰，充分发挥、充分利用木材本身的色调、纹理的特长，形成自己特有的审美趣味，形成自己的独特风格。

明代家具的风格特点，概括起来，可用造型简练、结构严谨、装饰适度、纹理优美四句话予以总结。以上四句话，也可说四个特点，不是孤立存在的，而是相互联系、共同构成了明代家具的风格特征。当我们看一件家具，判断其是否是明代家具时，首先要抓住其整体感觉，然后逐项分析。只看一点是不够的，只具备一个特点也是不准确的。

这四个特点互相联系，互为表里，可以说缺一不可。如果一件家具，具备前面三个特点，而不具备第四点，即可肯定他说，它不是明代家具。后世模仿上述四个特点制的家具，称为明式家具。

第四节 中国传统古家具的内容

一、中国传统家具的现状与发展

中国传统家具具有悠久的历史，创造了灿烂的成绩，不仅是我国传统造物文化的重要组成和载体，也深深影响着世界近代以来的家具设计。如新艺术运动时期的欧洲家具吸收了很多明式家具的工艺和设计元素。我国直到民国时期家具设计都是具有鲜明特色的，但新中国成立后由于物资缺乏，当时经常是一种风格风靡全国，而且是各民族地区风格的家具轮番占据老百姓的生活，而且当时的人们也以拥有一套西式家具为荣。到今天我国家具产业已经达到相当规模，但主要以出口加工和模仿为主，金融危机使得外向型的家具产业产能严重过剩，使得我们不得不思考该如何树立中国家具的形象问题。但中西文化的差异且当前西方文化更占上风的情形下，中国家具如何认清自己的发展方向却是值得探讨的问题。

（一）中学为体

从"五四"时期，中国学者就认识到西方文化的势不可当，而是纠结于"孰为体用"的问题上，最本能的反应是"师夷长技以制夷"。但是我们到米兰设计周、科隆国际家具展这些荟萃世界家具的最高成就的展览时却很难找到可简单模仿的东西。因为我们虽然在很大程度上接受了西方的先进文化、科学和技术，但我们民族文化还是根深蒂固地存在于我们的内心，是不可能为西方文明所取代的。例如我们接受了西方现代公寓的居住形态，但是却依然保留着中餐的饮食习惯，多数中国人认为西方的分餐制同时也会疏远家庭成员之间的感情，所以中国人更喜欢用圆桌进餐。因此我们只能在保留中国传统家具的审美观和内化与传统家具中的民族文化心理的基础上，积极吸收西方现代文明、科技和生产组织模式，可以从以下几个方面着手。

1. 兼收并蓄

中西文化在根源上是殊途同归的，都注重社会的稳定、提高生活质量以及关怀人的情感及道德等。在表现形式上西方更注重个性与独立、自由与平等，而中国更注重人情世故和等级伦理。例如西方的客厅陈设是能够充分体现人人平等和其乐融融的气愤的，中国传统家具却更讲究"格物致知"，注重君臣、主客、长幼和男女等的尊卑次序。在现代注重平等自由的西方文明是国际共识，在必须与世界交融的现代社会，中国人也愿意接受。在家具形制上保留中国传统的人情观，再融合西方的自由平等观念，正是现代中国人需要的，也是世界的。

2. 适应工业生产模式

许多企业一提到中式家具，就想到选用上等木料。实际上家具作为一个产业是不能回避工业化的，传统家具要想适应工业化就必须进行简化、标准化和系统化，从而实现快速、低成本生产。在把握传统家具内在的审美情趣的基础上进行精简，并不是盲目的删除。当然这也必然带来结构和材料的调整，保留传统家具浑然天成的品质又适合部件的标准化、可拆装等要求。传统家具的材料昂贵且不可再生，尽管惜料如金，但终究不能满足大众的需求，新材料的引入同样也能给传统家具带来新鲜的感觉。

3. 人性化设计

中国的传统家具的设计方向和其体现的精神价值都是文人主导的，反映了他们的审美格调和社会理想，往往注重礼仪和教化，而不太注重个性需求的满足，颇有"存天理，灭人欲"的意思。例如明家具讲究"正襟危坐"，椅子的形态使坐者必须保持端庄的仪态，舒适性不足是明家具普遍存在的问题，对传统家具的舒适性改造也是创新的途径之一。

（二）西学为体

这种观点基于传统家具已经彻底退出现代生活的事实而产生的，全球一体化使得我们已经普遍接受了西方的现代文明，习惯于西方的现代生活方式。而西方设计师对中国的传统家具设计元素的借鉴和吸收重新让国内设计师找到了新的创作灵感，设计了大量的中国元素的家具产品，市场反应也不错。但这种繁荣局面的背后还是存在弊端的，那就是西方设计师是在本民族文化结构内，根据实际需要合理地引入中国元素，因此他们的生命力是持久的。而我们的作品并未充分理解西方家具文化的核心，实质上就是一种新"样式"，有其表却无其里。

虽然传统家具文化以某种样式呈现出来，但我们却不能把形式等同于文化，不能把传统文化简单地理解为一堆元素和符号。传统文化的内在结构不会变，但其内容却会随时代的发展不断地更新，若把文化固化为形式，也就意味着文化的灭亡。

（三）创新为本

无论是西方的现代设计还是传统家具都是已有的成果，模仿哪一个都不是创新。一个是别人的，一个是前人的，可以作为一种现象来研究。但一种文化不可能完全被另一种取代，也不能静止在某个时间点上，中国家具的未来还在于创造新的成绩。那就是我们要充分研究本民族的生存样式，以及这种生存样式下人的物质需求和精神需求，并根据需求独立创造。

日本设计师柳宗理设计的"蝴蝶椅"，无论是从西方还是东方的家具样式中都找不到相似的样式，整合了西方的胶合板、热弯成型工艺、金属连接件和模块化设计等理念，但却充分反映了日化中的"禅"的思想。

二、中国传统家具元素的传承与应用

（一）传统家具元素与现代家具的融合

现代家具大多数仍然提倡功能在先，它没有特定的模式，但需要将特有的个性展示出来。在家具的开发和设计过程中，将中国传统家具各元素打散，并根据需要与现代家具的特点相结合进行重新构建，对家具造型、材料、结构和装饰等方面的再创造，从而形成具有中国特色的家具风格。

1. 造型——古典化造型元素

在任何时代、任何地域都具有重要的地位，是设计的根本。有收分有致、稳健挺拔是中国传统家具特有的造型特点。比如可以利用传统家具的线角流畅舒展、富有节奏感和韵律感的艺术效果，运用在家具的某一部位中。借鉴传统家具造型元素，首先要真正的理解其特性，并能够合理有效的运用在设计上，这样才能将传统家具的风格展现无遗。汉斯·瓦格纳的Y型椅就是借鉴明式圈椅的造型来设计的，他在设计时将椅面改为藤编。近几年出现了很多造型上属于中国传统风格，材料的运用以金属或其他材料为主，木制为辅或者根本不用木制材料的家具，这种传统造型与新材料、新技术相结合的产物，使家具不失民族传统风格的同时又具有时代性。如果在设计中运用古典风格的造型，那么一定要选择新型材料和新工艺技术来体现家具具有的时代性。

2. 结构——现代化榫卯结构

在中国有着悠久的历史，是中国木文化的一个显著地标志。中国传统家具是木框构架的，其连接的主要方式就是榫卯结合。榫卯结构是不适应工业化大生产的，但是它是家具中最重要的一部分，不但是整个家具的力量支点，而且券口、牙条、牙头还具有装饰的效果。还有就是"霸王枨"的结构，它用另一种方式连接腿与面板的，这种美观的结构很具中国传统风格。在设计中可以采用这种牙头、霸王枨结构进行改变和造型，并在材料的使用上多变化，同时利用不同的连接方式，体现家具的传统民族韵味和现代感。随着加工技术精度的提高和胶粘技术的发展，可以将榫头暴露在外，既有装饰功能作用，也对传统榫卯结构改革的创新。

3. 装饰——简洁化

图案和装饰折射一种文化，民族家具独具鲜明的特征是家具的图案和装饰。中国传统装饰方法有很多种，每一种艺术门类，如在服装和建筑设计领域的装饰方式不同。中国传统家具的图案和装饰的方法大多以木雕工艺为载体，雕刻图案种类繁多且图案较为复杂，雕刻工艺耗时耗力，所以我们在设计家具时，应将图案简洁化，抽象化，可以采用局部或对某些构件化造型进行适度雕刻，以起到美化和装饰的目的。

中国传统装饰图案、纹样丰富，大多具有一定的含义和寓意。并且有很多装饰元素和图案纹样沿用至今，演化成为中国文化的象征性符号，具有本民族的艺术特色和文化内涵。这些典型性图案，包含了人物、动物、图腾、植物、抽象符号等各个题材，具有传统象征内涵和寓意，例如"吉祥如意""平安富贵""财源广进""早生贵子""富贵花开"等。明代和清代是中国传统家具发展的鼎盛时期，所形成的明式家具和清式家具是我国传统艺术的瑰宝，也是世界家具发展史上一颗耀眼璀璨的明珠。明清家具，特别是明式家具对西方现代家具的发展产生了深远的影响，如设计大师格林兄弟、汉斯、维格纳等的现代家具的原型就出自明式家具，包括对造型、装饰、比例、功能等的研究再设计。弘扬中国传统文化，我国现代家具的民族之路正在不断的探索，新形式的"新中式家具"应运而生，它将明清家具的造物理念、造型样式、和中国文化作为切入点融入现代生活中，把现代人新的生活习惯、艺术审美、文化品位糅合一起，产生一种新的具有传统韵味的现代家具，从而使传统家具在现代生活和使用中具有浓郁的民族韵味和民族文化内涵。"新中式家具"的设计把一些现代时尚元素与传统元素结合在一起，形成特有的风格，指引了一条探索民族性家具设计之路。这些传统文化元素在历经几千年的历史演变中，经典不衰，深刻而悠远。

4. 材质——多样化

质感是材料表面的组织结构，是材料的外观表现形式之一。不同的材料有着不用的质感，这也就是尽管材料种类繁多，但相互之间有时是无法代替的原因之一。比如明清家具使用珍贵的木材体现家具的挺拔、色雅和质润，但现今木材资源匮乏，我们可以利用粘贴技术在基材上贴相应的薄木、木纹纸或者染色等可利用的现代化工艺技术，达到仿真的效果，也可以在一件家具中使用不同材质来表现家具的个性风格。如果在家具设计时采用仿古材料，那么在家的造型和装饰上要结合现代的设计风格，这样才能使整个家具具有艺术的灵魂。传统家具的用材主要以木材、竹材居多，但是由于竹材不宜存放，因此流传下来的家具很少。随着现代工业化的发展和技术的革新，家具在用材方面，不仅仅局限于木材、藤条、竹材、大理石、五金部件，并且不锈钢和铁制、玻璃、塑料、柔软织物和纤维等新型材料运用，开发了家具更多的使用功能和美感。多材质相结合的家具，不但增添了家具的审美艺术性，丰富了现代家具的表现力、感染力。

（二）家具混搭风

1. 混搭风的形成与发展

现代人的生活节奏加快、工作繁忙、压力不断增加，回到家里后希望是轻松、愉悦和温馨的感觉，体现了家的归属感。怀旧感，逐渐地变成了一种现代人的生活态度，人们将怀旧的情怀加入了越来越多的东西，或淳朴自然，或时尚，他们无论怎么组合，它都散发出来一种动人的，令人陶醉的醇香，让人久久回味其中。在家居中，不一定表现在物品质感的旧，才被称之为怀旧，有的时候，那是我们的一种情怀，一种感觉。你不会就喜欢一种风格，或是讨厌一种一成不变的风格，人是需要新鲜感的，所以混搭成了一种新的方式，中式元素、西式元素融合在一起，会产生一种独特的韵味。混搭并不是把不同风格不同质感的东西一味地拼凑在一起，而是依据各个材料的特性和相互之间的联系，将其有机的融合与渗透。

（1）混搭风的形成

混搭可以说是时尚界的专用名词，也有人说就是"百搭"，就是说可以将很多元素搭配在一起，这一词汇源于英文的 Mix and Match，意思就是混合搭配，人们根据自己的意愿将不同风格、材质、装饰和工艺等元素相结合，从而混合搭配出来个性化的风格，混搭最初起源于时装界，后来延伸到美食，超市，装修，汽车，奢侈品的终端消费行业的每一个角落，而且越演越烈，经久不衰。不同行业领域的思想碰撞融合，产品文化的多元化越来越明显。

（2）混搭风在家居中的运用

在家居中，混搭风格的运用主要表现在材料，种类与色彩的合理结合融汇，将不同的地区文化，历史等表现在同一个空间里，中式典雅大气、欧式浪漫唯美、雍容华贵、淳朴清新等各种不同的风格相互融合，最后使功能达到和谐与统一。混搭风格其实也简单，它并没有特定的框框架架，将许多束缚人的思想与概念都模糊掉，可是这种创新即将各个风格之间界限模糊掉，同时也使他们的界限变得清晰。

2. 混搭要素

混搭并不意味着简单地把各种风格的家具随意地搭配，通常要通过色彩、材质以及装饰纹样等设计要素将其协调成为一个整体。

（1）色彩协调

谈到中式家具第一反应便是现代年轻人不太容易接受的深沉的色彩，那么我们首先就可以从色彩入手，通过色彩让不同性质的家具相互协调，让同种性质的家具却处于不同的空间层次。

方法一：使用清新淡雅的布艺装饰居室

在混搭风格的居室中，明式家具可起到画龙点睛的作用，在现代的室内设计中，最需要注意的是色彩的趋同问题。因为现代室内设计中虽然摒弃了传统风格中繁多的纹样，但是色彩依旧比较稳重，墙壁和地面多为白色、咖啡色等颜色为主。而中国传统家具的色彩也比较深，容易"淹没"在一片暗色的空间中。与布艺搭配更能体现中式家具俊秀挺拔的气质。因此在色彩搭配上，背景以清淡素雅为宜，陈设以柔和淡雅为基调，采用白色、浅黄或浅灰来装饰墙壁，这样中式家具的色彩之美才能真正显现出来。另外，在灯光的处理上，不用刻意强调，可以使用自然光和区域照明灯光，在暗色空间中突出中式传统家具，也能收到很好的效果。

方法二：改变中式家具色彩，与室内协调

在长期人们形成的思维习惯中，从色彩心理学的角度分析深颜色使人心情平静，给人以稳重之感，纯度高明度高的色彩让人心情愉快、激动。古家具所使用的硬木颜色多为明度较低的暗红色，而现代是一个到处充满色彩，激情与活力的时代，古家具显得难以被现代青年人的室内空间所青睐。

中式家具所传达的情感不仅仅是靠它固有的材料颜色纹理，造型也是重要的因素，所以保留顺畅柔美，简洁大方的造型，改变颜色，既保留了点点书香古韵，又可以很好的融于现代室内空间。

如田园风格的家具以白色调为主，给人以圣洁高雅之感，如果运用中式古典家具同田园风格家具相融合，可以将其涂饰成白色，既在色彩上与之相映，又在形式上丰富了田园风格家具所没有的东方韵味。再如用在现代简约的室内设计中，白色不张扬，简洁大方，现代感十足，古典家具的造型又可映衬室内更加稳重，无论是配以生机盎然的植物，还是色彩艳丽的抽象装饰，都能起到相得益彰的效果。变换色彩的中式古典家具尽展其造型的优美与内敛，活泼中透着稳重，清高中散发着激情。

方法三：保留古家具原色，丰富室内色彩

现代的设计流行的要素不再是一种风格，协调的概念也不再单纯地指风格的一致，过于单纯的装饰会索然无味，好的设计空间要有让人跳跃，印象深刻的与众不同，所谓的古家具给人的沉闷感，不仅来源于家具自身的色彩，还与室内设计所追求的色彩协调有很大关系，如果我们改变这种传统的方式，用现代时尚的色彩搭配色调深沉的中式家具，同样可以让空间活起来，年轻化。例如时尚精致的现代沙发，在客厅中显得富有时代气息，而成对的圈椅或者官帽椅，同样也可以和西式沙发和平共处，不仅营造出东方特有的风采，而且也很具有实用功能，如在会客厅放置一台做工精致图案精美的茶几，会带来意想不到的结果。

（2）材质搭配能体现现代感的要素中材料也至关重要

不同的材料，其形状、纹理、色泽、质感等都蕴含着表达情感的设计语言，好的设计要善于发现材料的潜质，敢于打破对材料固有认识的局限，发掘其内涵并赋予其全新的意义。

不同的材质具有自身不同的艺术表现力：木材纹理美观、自然淳朴；石材光泽美观、稳重、雄伟庄严；金属坚硬冰冷、刚劲挺拔；铝合金轻快明丽、光亮辉煌；塑料细腻光滑、优雅轻柔；有机玻璃明洁透亮、富丽亲切等。为年轻人所喜爱的大部分家具都有现代材料的影子存在，或整个家具，或家具的某个部件采用现代感强的材料如金属，塑料，玻璃等，都会改变全木制家具给人的感觉。因此我们可以在保留中式家具大部分造型的同时将其材料改变成现代材料，既解决了硬木珍贵稀少的弊端，又可以机械化大量生产，最重要的是可以被更多群体所接受。藤材是改变古家具的一种很好的材料，藤同木材一样都是天然生长的植物，在某些程度上和木材体现着异曲同工的效果，都给人以亲近自然，与世无争，恬静淡雅的文人气息，同时又比木材更具有通透性，更有舒适轻松感，更符合现代室内装饰风格及现代人对大自然的清幽环境向往同时又喜欢轻松欢快的气氛。古家具的材料改变了，表达的感情自然也就改变了，用现代的材料重新诠释了中国古家具的味道，可以很轻松的应用于现代居室空间设计中。

选择不同材料的搭配，可以使空间呈现多种风格的视觉效果，采用不同地域间的不同材质作为设计中的元素的搭配，能在同一空间里展示不同民族特有的传统和现代社会的革新。

3. 元素再现

在全球化趋势的影响下，世界各国之间的文化交流已经没有地域的界限，国外设计思潮不断涌入我国，从而使我国的设计开始国际化。人类的传统文明也正在被全球化一点点的侵蚀，所以保护和继承人类传统文化和艺术是我们的首要任务。只有重视和传承民族的传统文化和艺术，才能让我们的设计更具有民族特征，并能够让我们的设计理念被世界所认可，与世界并肩。

艺术源于生活，高于生活。

传统艺术元素体现着人们传统、淳朴的生活气息，近年来这些传统的元素倍受设计者的厚爱，比如剪纸、蜡染、漆艺、陶瓷、中国画等代表着我国民族传统文化的瑰宝，同时传统艺术元素也为了现代设计提供了艺术创作的灵魂。中国古家具中很多设计元素和造型是独具特色的，如鹅脖，步步高，鼓腿彭牙，霸王枨以及很多装饰图案，如云纹，回纹，带有几何图形所体现的现代感，同时又有中国传统味道，是中国古代文化的象征，可以单独地将这些古家具的抽象元素应用于现代居室设计。通过现代的家具造型更好地反衬中式家具装饰元素的韵味与内涵。家具间搭配的弹性很大，并不硬性限制于同一种风格相互搭配，有时，在一个大风格的基调之下，加入一两件其他风格的家具，反而有特别的效果。但不能每件家具的风格都是不一样的，越想突出个性，反而就越没有个性。近年来，中西合璧、现代与传统并容的多元风格成为设计的主流。

中西合璧的家具搭配有以下要点：

①中式和西式家具的搭配比例最好是 3:7

因为中式老家具的造型和色泽抢眼，可自然地使室内充满怀古气息，如果太多，反而显得杂乱无章。

②中式家具常起到点睛的作用

先要确定好居室的整体风格，选定好西式家具后，再确定搭配什么样的传统中式家具。并不是所有的搭配都适合混搭，以线条简洁的明式家具而言，便不适合搭配欧式中过于豪华的家具，而与注重线条的意大利家具和造型流畅的丹麦家具风格一致。

③家具款式虽传统，但更要实用

要使每一件家具的欣赏性都很强，而且要在这个基础上，尽量挑选实用的家具可以赋予老家具新的生命。

（三）传统与现代的交汇

中国传统家具的传承与应用是一种创新与探索的过程，中国的传统文化有着五千年的历史，它所展现的正是中华民族的思想精髓。今天的现代家具民族设计之路更应该深入研究古典文化，了解传统家具设计制作理念，挖掘家具设计背后深层次的造物动机、造型法则、艺术美学规律，在继承的基础上大胆突破创新，使得现代中式家具在适应今天的生活模式下散发古典民族文化韵味，使之更好的发展。今天现代家具的延续不是单纯的照搬、模仿，也不是跨越历史文化概念的消解，更不是纯粹符号元素的调侃。

传统家具真正意义上的传承与创新，应是现代文化与传统文明的融汇—碰撞，再碰撞—融汇的过程，在此过程中形成一种基于传统的现代新型文化，又不失传统的精髓。把握并领会中国传统文化内涵，将其古典气质、"天人合一"等理念与当代艺术、和谐、可持续发展的理念相结合，只有抓住设计思想的核心，才能避开新型中式家具发展的瓶颈。从文化、精神、理念入手下的家具设计未来才能有足够的发展空间，同时保持了民族特色。让我们基于传统的基础上，顺应现代生活方式的变革、创造并满足新的使用功能、利用先进的生产工艺，大胆开拓，在创新中传承、传承中创新，使中式家具屹立在世界家具设计的舞台上，使中国真正拥有自己的设计，打造"中国设计"的家具品牌。从传统意义的家具到新型中式家具，无论怎样的家具形式，它最终的服务对象是现代社会，功能需求是现代生活。

因此，这种传统下的新家具要满足现代人的生活和使用特点，方便耐用。传统家具的材料大多以名贵木材为主，例如酸枝、黄花梨、鸡翅木、黑檀木、紫檀木等，但是现代设计之所以称之为"现代设计",最大的根本在于"设计是为大多数人服务"这一设计理念,这是与古典家具贵族化的区别所在。

现代家具材质的选用更加多样化,实木材料的选择也更加平民化,使大多数人都能够接受。在家具的造型样式上,传统家具更具规律可循,对称式它的形式规律,而现代家具在传承的基础上,在造型上大胆突破,打破这种千篇一律的完全对称式,使得现代家具造型更具有时代特征和时尚元素。传统家具的用色基本体现木材自身的纹理和质地,而现代家具的设计,更加强调色彩的搭配,除了同样讲究实木质感外,艳丽且丰富的色彩也逐渐应用在中式家具中,使之更具有装饰空间的效果,家具成为美化渲染室内空间氛围的助推剂。具有中国传统文化精神的新型现代家具在造型上、结构上、装饰上、材质上等,都适应了现代审美取向,并进一步发展、延续、抽象、变化,是现代家具即具有本民族特色,有具有现代家具简洁、实用、艺术等时代特征。

第七章 中式家具的制作工序及工艺

第一节 中式家具的制作工序

一、中式家具的设计要点

一件家具制成后，能否得到市场认可，能否经得起历史的考验，设计非常重要。样式是否美观，结构是否合理，雕刻是否恰如其分，都体现在设计上。明式家具之所以俊秀，清式家具之所以豪华气派，全凭设计者的文化修养通过设计的造型来体现，所以设计造型能反映出设计者的整体素质。设计大致可分为三个部分：（1）造型设计；（2）工艺设计；（3）雕刻图案设计。

一把椅子座面离地多高坐着舒服不吊脚？靠背多高、后仰角多少最合适？材料多大经济、牢靠又美观？总之造型设计是制作家具的核心、灵魂。要做到美观、牢固、经济，又可以实际加工。工艺设计就是要保证木工的可实际操作性，也就是说通过合理的工艺设计，木工才能经过实际加工来实现造型设计。试想如果某个设计根本无法通过实际加工而变成一件实际可用的家具，那么这样的设计就好似空中楼阁，最终也只能停留在设计图纸上。因此造型设计、工艺设计相辅相成，如不了解木工的加工手段、加工方法，就无法设计出精美的家具来。雕刻图案设计应是画龙点睛之作，是要与造型设计交相辉映的，要繁则繁，要简则简，切不可一味自由发挥，脱离了整体设计理念，或太少则弱，或太满会喧宾夺主，总之设计是一个综合的过程。造型、装饰艺术缺一不可。

二、中式家具的制材、选料、配料

确定了款式，然后根据其造型和尺寸选择材料。

（一）制材

家具制作须根据不同用途和尺寸，将原木分割成不同规格的板材、方寸。过去全部用手工分解，使用的工具是合锯，或称"二人夺"。方法是，用两根或三根木料捆绑成支架（有的是往地上竖倒木桩）将去皮原木料斜架在上面，按需要的尺寸用墨斗弹上线，一个人站在圆木上,一个人坐或单腿跪在前一头的下方,用合锯破解。当一方往自己怀里拉锯时,另一个人相对送锯,依次反复。上下锯手各自掌握面向自己的线,互相配合,既保障破解材料的尺寸和规格又能防止锯路偏斜。也有的是在地上栽桩,将所需制材原木与桩固定在一起,由二人相对按所需尺寸锯解。现在已经用带锯来代替手锯,效率大大提高。

(二)选料

根据家具制式及各部件用料、尺寸,选用适用的木材。

为了能最大限度地提高木材利用率,应按先大后小、先长后短、先外后内的原则下料。异型家具还要选用其他材质的木材先制成样板,进行套剌取材,并尽量照顾颜色上的一致性。

例如大柜,在薄板上要先取门心板、侧山板之类的大材,再取牙板,剩下来的料再选作内部用板,并依先大后小进行。厚的板材取料也是依照家具部件的尺寸大小按顺序下料。首先是尺寸最大的腿料,然后依次取门边的长枨、短枨、后内枨、穿带、小枨等。

(三)配料

配料主要是木材纹理和颜色的搭配。弧腿膨牙的腿,圈椅中弧形圈的选料、配料应颜色相同或近似,如果是打一对家具,比如一对柜子、一对椅子,应尽可能使用腿、面心板、门心板"合掌"两出材,要的是左右对称的效果,这也是古典家具的特点之一。如果原材料受限制,最起码应在拼板时尽量使花纹相对或近似。需要注意的是,按传统讲法,门心板花纹纹理一定是山头朝上,切不可出现山头朝下的"倒栽葱"图案,这种图案被视为家具制作的大忌。

三、制作工序

家具制作的质量优劣,最主要是取决于制作者的基本功是否过硬,是否熟练掌握基本操作手段:刮、拉、凿。刮就是用手推刨将木料表面按要求刮平;拉是用木锯把木料按尺寸要求截断或成型;凿就是用不同规格的凿子按要求凿出榫眼。刮、拉、凿是手工制作家具的基本功,没有好的基本功,就不可能制作成方正、合格的家具。

(一)画线

依据所要制作家具的款式,按照各部件尺寸要求准确地在木料上画线,为进一步加工定下标准。

画线工具:划千(铅笔)、方尺(带45°角的又称格角尺)、搬尺、米尺、线勒子。

如果部件用料不方正将会影响画线尺寸的准确性。在画线前首先要将各部件的用料选好,一端用锯截成平角,以作标准。腿子一定以下端截平为准点。

画线人员要求精通各种结构原理,头脑清醒,尺寸准确,清楚所做家具的形制。每一道线都是加工过程中的依据。

（二）刮

刮，是指用手推刨将家具上的每一根用材按所需尺寸四面刨光，且要求方正、直（异型材除外）。实际操作中刨光最难的是刨长料。刨光长料与刨光短料的不同之处是，短料一次就可以从木料的一端刮到另一端，而长料的长度已经超出工匠自身所能达到的长度，如果在刨的过程中停顿就很难将料刮直刮方刮平，因此需要在运动中不停顿地一次完成。这就要求操作人员掌握两点：一要会怀里掏刨，就是操作人员双手握手推刨由自己身体后侧入刨；二要在匀速推刨的同时，双脚倒步向前，直到腰下塌双臂向前推之，将刨子的行程覆盖整根木料。整个过程一气呵成，这样的基本功非几年工夫而不能。

（三）刺

刺，指用手工锯按家具所要求用材的大小、厚薄将木材分解的过程。这道工序的操作更要求木工师傅的技术过硬。要求锯在锯木材时要拉直，所锯割的木材上面与底面始终与所拉材料成 90°，如果锯不能走直线或锯的上、下口不是走在同一直线上就会走偏而浪费原材料。

（四）凿

凿，就是用凿子在木料上按规格手工凿眼。技术要求凿榫眼要方正、直（异型除外）。榫眼分半眼和透眼。半眼指暗榫，要求榫眼、榫底要平；透眼一般要求由料的两面对凿，凿完眼后要两面相碰无误。而技术高超的师傅凿透眼从一面直接凿透，同样眼要方正、直，同时背面又不凿劈裂，这在工匠中叫凿透眼不翻个，是很要功夫的活。有些家具用料大，要求将眼凿得较深，因为家具主要受力部件的榫眼深度不小于料厚度的一半，这就要求工匠凿眼时做到下手稳、准。俗话说："前凿后跟，越凿越深。"（将凿子坡面向工匠每凿进一步，凿子前倾将所凿下的眼内木屑凿花顶出，不用将凿子拔出，顺直继续下凿，这样反复可达到深度。）严格地讲，传统手工凿榫眼长端两侧的眼壁不是直上直下的，而是中间略窄呈内凸，俗称"枣核眼"，这种榫眼只有手工才能完成。

所谓"枣核眼"的面是两头小，中间大的形状，要求是榫卯严好不用胶，放在水中泡一段时间再退开，榫卯的中段必须是干的，以此来检验工匠凿卯的手艺。

（五）雕花

悟性和灵性对一个雕工来说非常重要。一个优秀的雕工一定要热爱生活，观察力强，有好的审美观和艺术素养，这样才能雕刻出好的作品。

一件好的作品，无论花鸟、人物、山水都要求层次分明、神态逼真，追求神似。如同书法和绘画，笔画粗细、墨的深浅，都需要用心体会，仔细雕刻每一刀。雕鸟要体现鸟的神态，雕人物要准确表现人物的内心世界。

技术上要求对各种材质的纹理走向了如指掌，凿、铲、溜准确无误，手头利索干净，手劲准确，所以一件好的雕刻作品，由雕刻到打磨都是心灵在做工。

现在科学技术的发展可以利用电脑三维雕刻机雕出各种复杂的图案，虽然工整规范，但缺少个性和创造性，完全是按设定的软件来操作，没有灵性，终究达不到最高的艺术境界。

（六）组装

1.试装

试装，北京匠人称之为"嘎悠"，也就是将整个家具组装起来看看榫卯是否合适，家具是否方正，缝口是否严紧。在试装过程中一定要在锤敲的地方垫上一块平木，北京工匠俗称其为"挨打木"，目的是不使锤子直接击打家具部件而留痕迹。

要用眼观、手量（用木条对角丈量）来看家具整体是否方正。早期没有 2 米、3 米的盒尺，用的都是木尺、木折尺，虽然不方便，但是此道检验工序必不可少，是保证质量的关键工序。

2.刹活

家具各部件相连的地方缝口不严，要用刹锯刹严实。在家具方正不皮愣、不窜角的情况下，才可以正式组装。刹活就是将组装好的连接部位打开一道缝，这道缝的宽窄要小于刹锯厚度，这样用锯刹时就可以一锯刹两边使两个相接的部件的接口严丝合缝，木工术语称"严实"，如同两张重叠的纸用刀从重叠部剌开，再把富余部分去掉后两张纸的接缝效果。

刹活工艺要求十分严格，根据部件情况刹半锯、一锯或两锯，且不能伤到榫卯，由于刹活时不能伤到榫卯结构，因此刹不到位的地方要铲活，就是要用扁铲铲除多余部位，直到铲平缝口严实为止。

一件家具如果榫卯结构严紧是不需要用很多胶的。但若结构缝口不严，缝口就会出现一道黑线，这是由于缝口不严留有过多的胶而产生的现象，这种情况被工匠讽刺为"严不严拿鳔填"。缝口不严会影响家具使用寿命。选择家具时也可以以此来判断工匠的手艺高低。

（七）打磨

整个家具试装完成后都要拆散再对各部件逐一进行打磨。每个部件都要四面见光。打磨就是利用刮刀、耪刨、马牙锉、锉草、麻绒进行多道工序加工，使家具每一个部件的四面都能够见光无欠茬。所有棱角都需倒去硬棱，使整个家具的棱角不生硬，使每一个线条平整、润滑、饱满。各部位圆就是圆，扁就是扁。切记线条不可打磨走形。传统红木家具制作中并不单设打磨工，从配料、刮、剌、凿，直至整个家具制作完成均为一个工匠完成。

传统打磨用的材料是锉草。锉草是天然植物，又名节节草、木贼、笔头草。草身带毛刺。秋天收割，晾干存好备用。使用时用温水浸泡就又可恢复直挺，毛刺完全张开，用以家具部件表面的打磨，尤其是对雕刻纹饰、线条的打磨。既保证了各部件的光滑、亮度，又不伤雕刻纹饰，是既天然又环保的打磨用料。用水磨的原因主要是木材遇水会起毛刺，用水磨会随磨随起刺，又随时被打磨掉，使得整个家具光亮滑润，有非常好的手感。传统工艺中表面处理还有一种工艺，即"干磨硬亮"，就是用牛角制成的工具在已经细磨的家具部件上使劲磨，使家具表面形成一层类似于膜和壳的感觉，有一种晶莹剔透的视觉效果。经过"干磨硬亮"的处理，这样的家具一般可以不烫蜡或只烫薄薄一层即可。

（八）表面处理

中式家具的表面处理南北有别，南方主要是生漆（大漆），北方主要是烫蜡，俗称"南漆北蜡"。

以烫蜡为例：

用粗铁丝围成长方形或正方形框，框内用细铁丝编成网状，并安装木柄，称为炭弓子。将化开的蜂蜡均匀涂抹在家具各部位，然后将木炭点燃，放在弓子上，形成一个加热的工具。用炭弓子把蜂蜡均匀熔化，使蜂蜡浸入家具的各个部位。熔蜡的过程不能太快，要让蜂蜡在高度熔化的状态下多维持一段时间，能充分浸入家具表面，待家具表面的蜂蜡冷却凝固后再用牛角制成的蜡起子，将所有浮在表面的蜡铲起（起蜡）。尤其是有雕工的地方起蜡更要仔细、彻底。烫蜡、起蜡、擦蜡都是非常仔细的活，要求镂空雕花板各部位都要将蜡擦均匀，又要将各部位浮蜡起净，雕刻部位要按雕刻中刀工的手法，依次进行。最后是用纯棉布将整个家具烫蜡部位擦净，直至布表面不沾蜡迹为止。经过这样处理的家具木材与空气有一层蜡膜隔绝，水分不易流失，因此无论气候怎样变化都会基本保持家具材质的稳定，不开裂。

第二节　中式家具的特殊工艺

一、鳔胶的制作和使用

明清家具大多用鱼鳔作黏合剂，鱼鳔具有任何现代胶都不可替代的特性和优点。过去匠人使用的鳔胶都是自己制作的，要经过洗、泡、砸、滤、晾等好几道工序。首先要选择海鱼的鳔，因为河鱼鳔黏性不如海鱼，而且个头也小。泡鱼鳔时先要把鱼鳔浮头上的脏东西去掉，用温水泡一天半到两天，摸着有点黏，里面没有硬心，就算泡透了。然后有一个砸鳔的过程，老话说"好汉子一天砸不了三两鳔"，砸鳔不仅仅是力气活，更要讲技巧：用铁盔盛鳔，使铁杵砸，随砸随兑温水，砸到铁杵一提鳔浆能拉出线来才行；再上锅兑水熬，熬鳔用水的量在于匠人的经验。熬鳔的锅是特制的，要隔水加热。如直接熬，胶很容易糊，熬得的量也少，至少得熬十来个小时，一直熬到鳔刷一提起鳔浆呈均匀的线状才行。然后用铜纱过滤，倒出来后盛在容器里，鳔胶还没有完全凝固成冻状时，用小刀拉成小条，挂起来晾干备用。使用的时候用温水泡，泡好后再重熬，也得隔水熬上三个小时以上。不同季节使鳔的稀稠不同，"冬使稀，夏使稠，春秋两季使将就"。

冬天天气凉，容易定（凝固），使稀一点，夏天热，胶凉得慢，要使稠一点；春秋季节，使刚好，用鳔刷一提，拉线即可。

为什么要"冬使稀，夏使稠，春秋两季使将就"呢？因动物鳔胶如同肉皮冻一样，随温度下降而凝固。冬天环境温度和木材温度都比较低，组装大件家具时所需时间差会造成鳔凝固。鳔胶稀一点可以延长其凝固的时间，同时，最好能把室温提高一些。夏天气温高，用的鳔胶要稍稠。过稀，将延长鳔的凝固时间，容易造成鳔未干变臭以致失效的情况，过稀还会降低胶的黏结力。尤其要指出的是，如遇霉雨天，室内要生炉火，以适当增加温度。但无论用什么胶包括现代胶，组装使鳔后的家具都要保证工作场所不低于零度，否则胶易失效。使用鱼鳔胶组装的家具，各缝口最好再用电弓子等热源烤一下，发现缝口出鳔为好。使鳔后的家具要用麻绳上标，用标棍绞紧。现在木工大多用铁卡子，但从木性来说，传统的用麻绳打摞的方法更好，因麻绳本身有张力，在等待鳔干的这段时间可以顺应温度、湿度而变化。

使用鱼鳔胶的好处是什么？

第一，鱼鳔胶不含化学成分，又有很强的黏结力和"嘬"力。特别要解释什么是"嘬"力。如果我们在拼板的时候，如某一小部分有虚缝的地方，靠鱼鳔胶的自身力量就可以将其"嘬"紧、"嘬"严。由此可以看出鱼鳔胶有不同于其他任何胶的优点，它更加强了榫卯的严紧度。

第二，鳔胶的黏性好，还有一定的韧性。因此当木材遇冷热温度变化时，由于鳔胶的韧性可以随着做微量变形而家具不至开裂。

第三，便于修复。鱼鳔的使用寿命大约为50年，在以后家具的使用中，缝口若有松动，只要局部用热水加热，就可以恢复鳔胶的黏度，简单修复一些小毛病。硬木家具若有损坏，需要拆散修理时，我们只需要用热水浸泡结构部位就可打开家具的榫卯结构，将污物和鱼鳔清洗干净，即可进行重新组装。这样打开的家具结构不会损伤家具部件的榫卯结构，对家具的修复和部件的保护都是非常有利的。而其他胶则不同，白乳胶是不论凉热水，遇水即开，其他化学胶则是遇凉热水都不开，而只有传统鳔胶既粘得牢固又便于修理。

红木家具分南作北作，南作主要是苏、广作。鉴于南方气候等环境特点，在明清家具制作中不使用鳔胶。主要是因为南方空气湿度大，不利于鳔胶的干燥，长时间不干燥，鳔胶就会变质而失去黏性，所以要利用栽销、销钉配合榫卯结构。

北方是春夏秋冬四季分明、较为干燥的气候条件，对木材的稳定性有很大影响，所以北方家具大多使用鳔胶黏结。

工匠在使鳔胶时要求动作干净麻利，要在最短的时间内完成，用锤子敲击部件榫卯时可能挤出鳔胶而溅到身上，为了展示工匠敲击力度恰到好处，显示技艺，老匠人在使鳔胶时往往要特意穿上干净衣服，使鳔胶完成后身上干干净净以显示高超手艺。

夏天潮湿，空气含水量高，鱼鳔不易干，时间长会发霉发臭，影响螺胶的黏结力，因此夏天要生火炉子去湿；冬天气温低鱼鳔会冻，也会影响黏结力，使鳔胶过程中，需要不断加热，因此当时的工匠四季都离不开火。

鳔刷过去用藤子做成，把藤子尖用热水泡软，用锤砸成毛笔形，用这样的材料加工的鳔刷抹鳔胶时不掉毛，硬度、粗细度合适，可以伸到榫眼里各个位置抹鳔胶。

二、拼板

较大尺寸的面板和门心板，需要有两块以上的木板拼在一起，这就要求有较高的刮料技能。拼接位置要刮得平且直，这样拼缝的部位才能严，不然拼缝部位接触面积小既影响强度，又影响美观。拼板时另一个要求是所拼板的纹理尽量相似或对称，材质一致，颜色相近。

为了使拼板牢固有以下几种常用的方法：

较厚的板拼在一起，可以采用栽销、打卡子、双裁口（龙凤口）等方法，亦可以用穿带，方法多，可选择面大；而薄的板材则要直接拼，北京匠人称之为"硬墩"。由于所拼板既薄又长，很难在拼缝时刮直刮平。因此工匠发明了将所拼板分正、反向用刨子侧刮的方法，即刨子面是竖直而不是水平的，一手持刨由远及近往怀里拉刨，这时木板平放在工作台上，拼面也是垂直的，有利于工匠观察。与正常使用刨不同的是，正常使用时双手持刨，刨面水平，由里向外推刨，而侧刮则是单手持刨，刨面垂直，由外向里拉刨。

三、刹活

刹活（严缝）是传统家具制作中的一个非常重要和关键的工序，家具制作得是否精良，是否牢固，刹活是不可缺少的工序。例如：两根料相接成"L"形，接缝处要想严紧，必须用刹锯在接缝处刹一下才行，根据不同情况又有刹半锯、刹一锯、刹两锯之手段。具体用何种手段还要视接口处的具体情况而定，详细过程不再介绍。

四、搜活

工具：搜弓子（又称钢丝锯）。

搜弓子是由竹板和铲成三路齿的钢丝组成。该工具都是由工匠自己制作，在绷紧的钢丝上用特制的扁铲铲出细密的三路齿。

如果要在一块板上掏出圆洞或镂空雕刻，就要使用这种工具。搜活的要点是钢丝行迹要平滑垂直，因为细细的钢丝的行迹很难控制，容易出现上下不垂直、跑偏和左右拐呈齿状的现象，控制搜弓子全凭手感和经验。技术好的工匠能将薄板摞在一起同时搜空，完工后对比第一块板与最后一块板曲线完全一致。

五、镶嵌桌面

有些桌面是用石材做成的，早期的镶嵌方法是，把四攒边的裁口做成向内凹的斜边，工匠称之为"马蹄口"，所要镶嵌石板的四周也要磨成与裁口斜边相对应的斜边，使石板严紧地镶嵌在边框里，即使翻转180°，石板也不会掉下来。而清中后期以来，四攒边的裁口就逐渐简化为直角，所镶嵌的石板也不倒边，只是用胶与四攒边黏合在一起，既不讲究也不牢靠。这样的工艺变化也可以作为家具制作年代的一个判断依据。

六、烫蜡

在北方，使用烫蜡进行表面处理是极适宜红木家具的一种保养方法。烫蜡的目的是为了填充木材棕眼的空间，在木材表面形成较为密封的保护层，用以保持木材含水量的相对稳定，防止外界湿度变化给木材造成较大的伸缩变化。我国南方，气温较高且又潮湿，烫蜡容易脱蜡，因此用漆不用蜡在南方就比较适合。传统的烫蜡工艺分烫蜡、起蜡、擦蜡三大步骤，要按传统方法使用木炭，因有明火，操作起来比较费事，这里介绍一种使用电加热的改良方法。

首先准备工具和用料。工具：自制电弓子，即长方形安装手柄的电炉（电吹风也可勉强替代）；二或三趟鬃刷子一把，大板刷一把；自制蜡起子，取红木板或牛角板做两把，一把一边做成带斜坡的铲状，一边做成圆锥形，板厚0.5cm、宽2.25cm、长不低于25cm，便于手持，另一把两头做成双刃铲形，板宽4cm、厚0.5cm、长也不低于25cm；纯棉布一块，蜂蜡，化工商店有售，按纯度可分为白蜡（纯蜂蜡）和黄蜡（混合蜡），传统使用纯蜂蜡，但是由于现在家里条件好了，冬天室内温度较高，蜂蜡容易发黏，所以现在使用混合蜡。

烫蜡程序：

第一步：将蜂蜡放入金属容器中加热熔化成液体。

第二步：用鬃刷将蜂蜡均匀地由里往外刷在家具表面。

第三步：烫蜡。

用电弓子加热，手持电弓子加热中一定要不停地移动，目的是使刷在家具表面的蜂蜡受热熔化。同时用大板刷来回均匀地将蜡刷到所有的部位，刷子与电弓子要同时移动。如果（新）家具含水量偏高，加热时一定循序渐进，反复几次，不可加热过猛，要使蜡一点一点地逐渐渗透到木头内层，直到蜂蜡起泡均匀且不再继续往木头内层渗时为止。

新家具第一次烫蜡时，家具的里面不用烫蜡，以使木材的内面可以与空气自由交换水分；如果新家具干燥得比较好，在面心板的背面可以薄薄烫一层蜡，这样家具在使用中一般不会出现断裂。第二次、第三次烫蜡时，家具的内部就都可以薄薄烫一层蜡了。

第四步：起蜡。

用蜡起子将残存在家具表面的浮蜡铲净，直至用手摸上去感觉不发黏为佳。起蜡要仔细认真，特别是有雕刻的地方，不能留残蜡，否则会影响家具表面的光洁度。

第五步：擦蜡。

用棉布在家具表面用力反复擦拭，直至把表面的蜡全部擦掉而盒现光泽，手感润滑时为好。这是一个较长的过程，不能马虎。

按照上面的步骤第一遍烫蜡就完成了，然后要经常用棉布擦拭表面，有条件的半年后分别依上述方法再进行烫蜡，但蜡的用量要比上一次减少。

七、穿带

木材在制成家具后，由于受风吹日照阴晴变化的影响而可能变形，俗称"皮楞"，较宽薄的桌面、柜门变形更是明显，常引起开裂、翘曲等现象。为解决这个问题，工匠经过长期的实践，发明了"穿带结构"来解决这一问题。

大多数穿带，是配合攒边装板的工艺起作用的。这种工艺叫四攒边装板，即用四条木边通过四角格肩合成一个木框，用带将较薄木板穿束平展后装嵌在其中，使所有木料的端面立茬全部嵌在大边和抹头的槽里，从而获得了一个有两块以上木板拼接成的平面，或作桌面，或作柜门，既美观又坚固。

以下是根据不同部位和功能来使用的几种常用的带。

穿带：通常所说的"带"，就是指穿带，是最常见的一种带。梯形燕尾"穿簧"应做得一头大一头小，两端相差 2~3 毫米。以便能使带在"带口"内越穿越紧。带口的深度一般为三分之一至四分之一心板的厚度。通常较小的桌椅只用一根带，大多数家具上都是多根并用，其间隔应控制在 20~30 厘米左右。最外端两根带距抹头的尺寸要适当减小，应是中间间隔的二分之一左右。较小尺寸面板，多条穿带并用的时候，要视面板的尺寸大小调整穿带的方向。几根带的大小头方向应一致，以便使面心板能向同一方向抽胀，保证面板上有一侧是没有"抽胀缝"的完整平面。较宽大的平面，如方桌面、画案面等，其伸缩变化量较大，如把抽胀缝留在一侧，干缩时就可能出现"透天"的现象。这时，穿带的大小头要交替着向相反方向穿入，把抽胀缝分散在前后大边两个位置，以免出现"拔簧"透天的现象。

贴带：是穿带的一种简化，其紧贴在门心板的内侧，没有穿簧和带口。用在较薄、较小的柜子装心板的后面。这种形式主要用于较薄的门心板，门心板由于不直接承重，因而可以用薄板，但薄板上无法开穿带槽，所以贴带是不得已的办法。

托带：与贴带结构相同，没有穿簧，但用意不同，适用于水平面的面板，是承受自上而下的力。"托"顾名思义是用在桌面和椅面下起承托作用。

抄手带：抄手带是穿带的组合，常用两根以上的带平行使用。穿带做成一头宽、一头窄的楔形燕尾裁簧，两条带平行而相对分布，一条自左向右，另一条自右向左，像人的双手抄手状，故称"抄手带"，这样的抄手带适用于较大的板材拼接，使面板在胀缩变形时受到带的约束，以限制它的变形而保持平整。凡是穿带，带簧的尺寸不能太小，否则达不到一定强度，容易撕簧，影响其寿命。

弯带：是托带的一种，用在床、椅棕藤软屉下面的呈下沉曲线状的带。其作用是支撑着边框，防止棕藤回拉使其变形。弯带贴近藤屉的一面，一般都把角刮圆成泥鳅4状，以免藤屉下沉时磨断棕绳。

制作穿带的材料有很多种，软木、硬木均有，可根据不同的用途和制作家具的材料选择，工匠中就有"硬木心板软木带"的讲法。原则是制作带的材料的硬度不能高于面心板的硬度。其目的还是要顺应木性，不能让带的变形影响面心板的平整。

铁力木是做带的优选木材，因其木质坚重，纤维通直长硬，抗剪抗压力均极强，可使面心边簧在其燕尾穿簧间畅快地滑动。故明式经典的黄花梨家具大都用铁力带。

杉木木质虽软，但柔中有刚，有一定的抗压抗剪强度，宁弯不折，不易腐朽，用其做带可在带口内"硬下"，使带和心板紧密配合。由于其价格相对较低，是较为经济实用的一种选材。

古旧家具常出现面板翘裂等问题，大都是因为穿带出了毛病。通常的修理方法如下：

垫：如带通体损伤不大，只是穿簧与带口配合不紧而略有松动。多是由于带年久干缩所致，可用老藤皮垫在穿簧与带口之间的间隙内，即可将二者穿紧。老藤皮韧而滑，薄而不易断裂，是修理穿带的好材料。

补：如带的燕尾穿簧榫破裂损坏严重，要对其进行修补，先将其沿原燕尾角度向下剔平修整，再用相同的木材粘补，制成原状。

托：如原带簧完全损毁，可将其穿簧完全刨光，再向下重新开出簧口，由于这时穿带的宽度变窄，需要调整穿带与面心板之间留下的空隙，所以要垫木片，这种方法要视原来穿带的厚度而定，壁较薄的不能使用此法。

贴：如带簧榫损坏十分严重，并牵扯到以下相邻部位，可将其彻底截去约1厘米左右，重新贴上木料做出新簧，除用胶粘外，还可用螺钉或竹钉来加固。这种方法可较好地保持原带的外观观赏效果和文物价值。

换：如旧带彻底损坏或丢失，确已无法修理，只好换成新的。制作新带时要注意：（1）木料要充分干燥，以保证带变形小。（2）下料时纵向要长出实用尺寸约10厘米，留有加工余地。（3）要先裁出燕尾簧，而暂时不要开两端榫肩。（4）待燕尾簧彻底严于心板带口内后，再确定榫肩位置，开出两端榫肩。

接：穿带榫肩裂断是常见的损坏情况，拼接也是常用方法。原则是拼接处应避开受剪力较大的榫肩部位，以保证带的强度。

八、楔、销、片的应用

中国古代家具制作还需要一些小零件，如各种楔子、竹钉、销子等。这类小零件体积小，但在中式传统家具制作中不可缺少。

1. 楔

楔是一种一头宽厚、一头窄薄的三角形木片。将其打入榫卯之间，可使二者结合严密。楔，通常是用与家具同样的木料制成，大型家具榫卯配合，其榫的尺寸总略小于眼。二者之间的缝隙则须由挤楔备严，以使之坚固。挤楔兼有调整部件相关位置的作用，故使用时应视其情况而选择具体楔入的顺序和位置，以微调部件之间的位置。如使用得当，可使家具部件由不平变平、不正调正、不严挤严。

2. 销

两个部件相结合，如果是顺向相连，那么只能凿卯而无法锯榫（或只能锯榫而无法凿卯），这时就需要在相对位置都凿一个卯眼，然后栽一木销来代替榫头，结合两个部件，这个代替榫头的零件就称为"销"。由于它不是一木连做，是栽上去的，所以就称为"栽销"。另外"销"还有"透销""挂销""插销""挤销""走马销"之说，分别用于不同位置。

3. 片

有时在两个部件呈"L"形相连时，特别是异形部件，如鼓凳的弧腿与膨牙板的部位，这两个部件相接时不用榫卯结构，因为这两个部件都是异形而不能开榫、凿卯，传统做法就是"塞片"，即两个部件相对应部位用锯各开一条缝，用相同材质木料的薄片横纹搜人（与木楔的纹理正好相反）使之相连。偷手的做法是省去这道工序，用"硬墩"的办法直接胶粘或用电钻打眼拧木螺丝使之相连。虽然表面看不出来，但是家具的牢固性大打折扣。

九、镶嵌工艺

中式家具中美化装饰工艺技法，除雕刻彩绘外，还有一种重要工艺就是镶嵌。镶嵌工艺就是把一种材料用开槽嵌入另一种材料的工艺方法，形成图案以达到装饰效果。镶嵌所选用材料广泛，既有金、银、象牙及各种名贵宝石，也有瓷板、大理石以及色差较大的木材如黄杨、楠木等，较为常见的是螺钿镶嵌。螺钿镶嵌在广式家具及沿海各地最为普遍。用五彩螺钿雕刻成山水、人物及楼台花卉，镶嵌于各式家具之上，增加了家具的观赏性，五光十色，非常好看。

如果用各种宝石、象牙、珊瑚等名贵材料雕刻成型组成图案，镶嵌于家具之上，因所用镶嵌材料品种多且价值不菲，这种镶嵌方式又被称为"百宝嵌"，是镶嵌工艺中最为奢侈的一种。"百宝嵌"始于明代，兴于清代，是宫廷家具中常用的装饰工艺。

镶嵌工艺增加了家具的观赏性，同时也增加了家具制作的难度。这种工艺的出现是社会安定富足在家具制作上的一种具体体现。

第三节　中式家具的榫卯结构

传统家具除造型外，各部件的连接方法之巧妙也令人赞叹，让我们为前辈工匠的聪明才智所折服，这就是传统中式家具的榫卯结构。用精密巧妙的榫卯结构来连接各部件能使家具适应冷热干湿变化，管而不死，这就是中国传统中式家具经历百年甚至数百年仍能保持完好的重要原因之一。除榫卯结构外，由于受到木材本身的限制，用了一些巧妙的辅助结构，比如销、楔、钉（木钉）。

榫卯结构是中国建筑中最早具有科学设计意义的语言，是中式家具的核心和灵魂，讲究家具木料的各个部件在不使用外力和铁钉等其他材料作用下，依靠巧夺天工的结构设计进行紧密穿插和咬合，构成了美观耐用的中国古典家具，在中华民族文明发展史上，榫卯结构如同汉字的发明一样源远流长、自成体系，体现出中国古代建筑艺术的智慧和永恒的魅力。

心灵手巧的工匠发明了不同的榫卯结构，用于家具结构的不同部位，综合解决了硬木家具框架结构的美观性和牢固性。由于这些榫卯结构设计得非常科学，每一个榫头和卯眼都有明确的固定锁紧功能，能在整体装配时发挥作用，只要做工准确精细，榫卯之间略施一些鳔胶，家具就非常结实牢固，而且在家具的外表上根本看不见木材的横断面，只有凭借木材纹理的通断，方可看到榫卯之间的接缝。

所谓"榫"，是指木料一端用锯按照一定尺寸和形状锯出来准备插入另一端连接物上相对应的孔洞的凸出来的部分。另一连接物上的孔，在木工的专业术语中称"卯"。卯是用木工专用工具——凿子凿出来的，俗称"凿卯"。榫是用木工锯锯出来的，俗称"锯榫"。

榫根据家具部位的不同及受力要求又可分为透榫（又称明榫）和半榫（又称暗榫）。透榫即将榫完全插入卯中并穿透卯露出榫头；半榫即凿卯时不凿透，而是配合榫的尺寸确定卯的深度，锯榫的时候，注意榫的长度不能太大，所以榫卯配合后榫头并不露出，表面光滑、美观。

中国工匠从基本的榫卯结构中天才地发展出千变万化的各种形式，随着对中国古典家具的深入研究，新的榫卯结构仍不断地被发现，让从事复原工作的木工赞叹不已。以下介绍几种常用的榫卯结构及配合楔、钉、销的使用。

1. 长短榫

腿部与四攒边镶板的大边抹头相接合时，腿料出榫做成一长一短互相垂直的两个榫头，分别与大边抹头的榫眼接合，故称"长短榫"。因为大边和抹头接合用格角榫，抹头从两边打榫眼，腿料出榫与大边出榫相碰，故只有长短榫才能互不干涉，各司其职。长短榫又分粽角长短榫和柱顶长短榫。柱顶长短榫特点是两个榫头一长一短，而且朝向两个方向。其作用是把大边和抹头固定在一起，长榫连接大边，短榫连接抹头。把连接抹头的榫锯短，是因为腿部连接抹头的榫头与大边连接抹头的横榫发生了冲突。如果不把这个榫头锯短，势必顶住大边榫头，使案面落不到底。

2. 三碰肩（粽角榫）

粽角榫结构是在桌腿与板面边沿平行的两面自长短榫的底部起向上削出 45° 斜肩，斜肩内侧挖空。把板面边框转角处靠下一些的位置亦剔成 45° 斜角，组合时，长短榫分别与边挺抹头上的榫寓吻合，同时边框外斜角也正好与腿上的斜肩拍合，这样做的结果是边框外沿平面与腿子的外平面拼合在一个平面上，只在接合处留下三条棱角和三条拼缝，而这三条棱角和三条拼缝又只有一个交点，由于它多角形的特点，人们常呼其为"粽角榫"或"粽子榫"。

3. 夹头榫

夹头榫是制作桌案类家具时常用的榫卯结构，腿足在顶端出榫，与案面底面的卯眼结合。腿足上端开口，嵌夹牙条及牙头，故其外观腿足高出在牙条及牙头之上。此种结构，是利用四足把牙条夹住，连接成方框，上承案面，使案面和腿足的角度不易变动，并能很好地把案面板的重量分散。其优点在于加大了案腿上端与案面的接触面，使案面和案腿的角度不易变动，同时又能把案面的承重均匀地分布传逸至四条腿足上。

4. 抱肩榫

抱肩榫是结构复杂的榫卯结构，主要解决腿足与面板、腿足横穿、腿足与腿足之间的连接。

5. 插肩榫

插肩榫是制作案类家具常用的榫卯结构。腿足顶端有半头直榫，与案面大边上的卯眼连接；腿足上端的前脸也做出角形的斜肩；牙板的正面上也剔刻出与斜肩等大等深的槽口，装配时，牙条与腿足之间是斜肩嵌入，形成平齐的表面；当面板承重时，牙板也受到压力，但可将压力通过腿足上斜肩传给四条腿足。

插肩榫的外形和夹头榫不同，但结构上差别不大。

6. 挂榫

挂榫的形状是楔形的，榫头一边成斜面。该部位尺寸要求比较严格，如有误差，牙板不能落实而影响稳定、牢固及平整。条案中牙板与腿足的连接就用此榫。

7. 勾挂榫

勾挂榫是榫中的异型榫，其他的榫是直的，只有勾挂榫的榫头有弯，进入卯眼后挂入卯眼的槽内再打进一楔，使之不能退出，霸王榫的一头即为此榫。

8. 霸王枨

霸王枨是用于方桌、方凳的一种榫卯，也可以说是一种不用横枨加固腿足的榫卯结构。在制作桌子时，为增加四条腿的牢固性，一般要在桌腿的上端加一条横穿。但有的工匠认为四条横枨碍事，但又要兼顾桌子牢固，于是就采用了霸王枨。霸王枨为 S 形，上端与桌面的穿带相接，用销钉固定，下端与腿足相接（位置在本来应放横穿处）。

霸王枨与腿的结合部位通常使用勾挂榫，觉下的榫头向上勾，腿足上的穿眼下大上小，且向下扣，榫头从榫眼下部口大处插入，向上一推便勾挂住了下面的空隙。再用木楔子楔入空隙卡住，这样穿就拔不出来了。

"霸王"之意，就是指这种结构非常坚固。这是一种非常有想象力的结构。

9. 一腿三牙结构

一腿三牙结构是专门用于一种桌子的特殊结构，这种桌子一般是圆腿，除去平常的两个成 90° 角相交的牙板外，在两个牙板之间又用挂榫的方法加一牙板与另外两个牙板各为 135° 角，这三个牙板与大边和抹头连接，既增加了承重又增加了造型的变化，这种一腿三牙的桌子有的还在一般桌子有罗锅枨的基础上另增加一根与圆桌腿呼应的圆穿，使之更加牢固，是方桌之中牢固性最好的结构，但相对普遍结构的方桌由于四角各增加了三个牙子，又增加了四根圆穿，所以略显复杂而不简洁。

10. 交圈结构

圆腿与横枨相交这种局部结构称为"交圈结构"，需要特别强调的是传统工艺中两个相交的横棠相交处的短榫端部要锯成 45° 角而且在卯眼里成 90° 角相交，增加了相互支撑力，使之更加牢固。这就对这两个短榫的尺寸要求非常严格，既不能短也不能长，否则要么不相交，影响牢固；要么顶牛不能严缝，偷手做法是把榫留得很短，表面看不出来，而实际上里边两榫头并未相交。

11. 格角榫攒边

椅凳床榻，凡采用"软屉"做的，即屉心用棕索、藤条编织而成的，木框一般用"攒边格角"的结构。四方形的托泥，亦多用此法。四根木框，较长而两端出榫的为"大边"，较短而两端凿眼的为"抹头"，如木框为正方形，则以出榫的两根为大边，凿眼的两根为抹头。比较宽的木框，有时大边除留长榫外，还加留三角形小榫。小榫也有闷榫与明榫两种。抹头上凿榫眼，一般都用透眼，边抹合口处格角，各斜切成 45° 角。装好后是一个牢固的方框，可用于抽屉的座、卧具，四框表面打眼穿棕绳。

12. 丁字形结构

丁字形结构的例子很多，大如桌或大柜的穿与腿足的连接，次如衣架或四出头官帽椅的搭脑、扶手和腿足的相交，或机凳横穿、椅子管脚穿与凳椅的腿足的相交，小至床围子、桌几花牙子的横竖材攒接，都是丁字形结构。传统家具横竖材料相交，将出榫料外半部皮子截割成等腰的三角尖，另一料在榫眼相应的半面皮子同样割成等腰三角形的豁口，然后相接交合，通称"格肩"，又称"人字肩"。只有粗糙的家具才不格肩，而用齐肩膀。值得注意的是精致的明及清前期的家具，多数四面全用格肩榫；较粗糙的则正面用格肩榫，侧面和背面用齐肩膀，更为粗糙的四面一律用齐肩膀。由此可知在工匠心目中，齐肩膀是简便而不大受欢迎的一种造法。丁字形接合的榫卯有透榫和半榫之别，透榫的榫头穿透榫眼，断面木纹外露。半榫的榫头不穿透榫眼，断面木纹不露。透榫比较牢固，不如半榫整洁美观。由于人字所形成的三角区占去了一部分榫卯通结的面积，虽然表面漂亮，但是影响了其牢固性，为了解决这一问题，传统工艺要求在形成人字肩的地方再加飘肩，以增加榫卯之间的受力面积，但由于飘肩在里面，表面并不显现，而加工飘肩又费工，因而多有偷手省去飘肩的做法。所有榫卯结构原本有严格的做法，但是后来出现了偷工减料的做法，既省工，外面又看不出来，这种做法叫"偷手"。

13. 攒边打槽装板

"攒边打槽装板"又叫"四攒边"，是木材使用的一项成功的创造。长期以来，此法在家具中广泛使用，如凳椅面、桌案面、柜门柜帮等等，举不胜举。攒边打槽装板的优点是将板心装纳在四根边框之中，使薄板能当厚板用。木板因气候变化难免胀缩，尤以横向的胀缩最为显著。木板装人四框，并不完全挤压，尤其在冬季制作的家具，更须为木板的膨胀留余地。面心板嵌人边框槽内松紧要适度，如果过紧会因温湿度变化引起的伸缩将边簧撕裂，如果过松会影响穿带与面心板的结合。一般板心只有一个纵边使鳔，或四边全不使鳔。面心板四周装入槽内的部分叫"边簧"，通常边簧要留8毫米左右，如果是罗汉床或更大的面要留1厘米以上，保证有足够的承重力。装板的木框攒成后，与家具其他部位连接的不是板心，而是用直材攒成的边框，边框伸缩性不大，这样就使整个家具的结构不致由于面板的胀缩而影响稳定。木板断面没有纹理，且不易磨光，装板后使木材断面隐藏起来，外露的都是花纹。因此攒边打槽装板是一种经济美观、科学合理的制作工艺。

14. 立柱与墩座的结合结构

凡是占平面面积不大，体高而又要求它站立不倒的家具或家具装饰品，多采用厚木作墩座，上面凿眼竖立木，前后或四面做站牙来抵夹的结构，这样既稳又不占太多的地方。实物如座屏风、衣架、灯台等等。

15. 栽榫和穿销

在构件本身上留做榫头，因受木材性能的限制，只能在木纹纵直的一端做榫，横纹不能做榫。如果两个构件需要连接，由于木纹的关系，无法造榫，只有另取木材造榫，用"栽榫"或"穿销"的办法将它们连接起来。

栽榫是一种用于可拆卸家具部件之间的榫卯结构。由于要拆卸，榫头易磨损，甚至损坏，出于维修方便，也避免因榫头损坏而使家具部件报废的情况，一般都采用另外一种木料来制成榫头，然后将榫头栽到家具部件上。罗汉床围子与围子之间及侧面围子与床身之间，多用栽榫。

穿销不同于栽榫，栽榫一般比较短而且隐藏不露，穿销则较长，明显外露，故多用于构件的里面，在家具的表面是看不见的。如桌的束腰与牙板的连接。

16. 楔钉榫

是用来连接圆棍状又带弧形的家具部件，如圆形扶手的榫卯结构。虽然也是两根圆棍各去一半、作手掌式的搭接，但每半片榫头的前端，都有一个台阶状的小直榫，可插入另一根上的凹槽中。这样便使连接部不能上下移动。然后在连接部的中间位置凿一个一端略大的方孔，再做一个与此等大的四棱台形长木楔，插入后，便能保证两个小直榫不会前后脱出。制作圈椅的扶手、圆形家具都要用楔钉榫。

17. 关门钉

钉是指木钉或竹钉，一般用于半榫部位，这种结构既保持了木料表面的完整、美观，而且增加了榫卯结构的牢固，但是这种钉的用法以南方居多，北方用的相对较少。

家具在榫卯拍合后，用钻打眼，销入一枚木钉或竹钉，目的是使榫卯固定不动。北京匠师称之为"关门钉"，意思是门已关上，不再开了。修理古典家具，遇到这种情况时须将钉凿碎，方能拆卸，否则会把榫卯拆坏。

18. 走马销

南方工匠师称之为"扎榫"，它一般用在可装可拆的两个构件之间，榫卯在拍合后推一下栽有走马销的构件，它能就位并销牢；拆卸时又必须把它退回来，方能拔榫出眼，把两个构件分开。因此有"走马"之名。而"扎榫"则寓意扎牢难脱之意。它的构造是榫子下头大、上头小，榫眼的开口半边大、半边小。榫子由榫眼开口大的半边纳入，推向开口小的半边，这样就扣紧销牢了。若要拆卸，还须退到开口大的半边方能拔出。在明式家具和家具摆设品中，翘头案的活翘头与抹头的结合，罗汉床围子与床身边抹的结合，屏风式罗汉床围子扇与扇之间的结合，屏风式宝座靠背与扶手的结合等，都常用走马销。

第四节　中式家具的传统纹饰

中式家具上有很多装饰性图案，既有很美好的寓意，又有很高的艺术性，与家具的造型形成了珠联璧合的效果。吉祥纹饰的使用以清代家具最多，题材和内容极为丰富。植物、动物、文字、民间故事等都可以在中式家具的适当部位表现出来，是中国文化独特的表现形式。古典家具装饰主要以以下几类题材来表现人们的思想和寓意。

（1）用各种花来表现人们的感情，如用梅花表示人格高尚，不惧困难，意志坚强；用牡丹象征富贵；用竹子寓意有节气；用松、竹、梅岁寒三友组合表现困境中傲然挺立，努力战胜困难等等。

（2）运用汉字来表达人们追求吉祥、富贵、长寿的美好愿望，如福、禄、寿、禧等。

（3）用各种寓意吉祥的动物来表示人们的情感，如龙、凤、鹿、鹤等。

（4）运用各种人物、传说故事来表达人们的爱憎情感，如三国、水浒等名著中的故事和广为人知的故事等。

除了以上几种，还有一些比较广泛应用的，如博古纹及其他表现人们思想境界的图案，下面把中式家具中经常出现的图案寓意作简单介绍。

1. 寓意尊贵的

中国民间把龙看成是神圣、吉祥之物，是尊贵、威武的象征。龙的图案在不同的历史阶段形象也有所不同。从造型上分有团龙、正龙、行龙、升龙、降龙。中式家具常用的是将龙形简单化的拐子龙、夔龙、草龙、二龙戏珠和龙凤呈祥等。

2. 寓意长寿的

（1）松鹤延年

图案为鹤和松树。松，除寓意长寿之外，还作为有志、有节的象征。故松鹤延年既有延年益寿，也有志节局尚之意。

（2）鹤鹿同春

图案为鹤鹿与松树。古人称鹿为"仙兽"。有千年为藏鹿、两千年为玄鹿之说。鹿又与"福禄寿"中的"禄"字同音，因此鹿是表示长寿和繁荣昌盛的瑞兽；鹤也是仙禽，故又称仙鹤，是鸟类中吉祥长寿的代表，由鹤寿千年的说法。清代一品文官官服的补子即为鹤的图案。可见鹤在人们心中地位极高，可以说是凤凰之下、百鸟之上。

（3）寿比南山

图案为山水松树或海水青山。"福如东海长流水，寿比南山不老松"乃常见的对联。这一图案亦称"寿山福海"。

3. 寓意气节的

（1）岁寒三友

青松、翠竹、梅花都有不畏寒冬的特点，因而被人们誉为"岁寒三友"，借此比喻朋友、战友之间忠贞不渝的友情。

（2）梅、兰、竹、菊四君子

梅、兰、竹、菊四种植物都有刚正不阿的高洁品质，谦虚正直的君子风度，在群芳中被喻为"四君子"，为古人所慕。明清时期颇为盛行。

4. 寓意吉祥富贵的

（1）喜上眉梢

图案为梅花枝头站立两只喜鹊。古人认为鹊灵能报喜，故称喜鹊。两只喜鹊即双喜之意。

"梅"与"眉"同音，借喜鹊登在梅花枝头，寓意"喜上眉梢""双喜临门""喜报春先"。

（2）喜报三元

图案为喜鹊三、桂圆三或元宝三。古代科举制度的乡试、会试、殿式的第一名为解元、会元、状元，合称"三元"。明代科举以廷试之前三名为三元，即状元、榜眼、探花。三元是古代文人梦寐以求，升腾仕取之阶梯，喜鹊是报喜之吉鸟，以三桂圆或三元宝寓意三元，是一种表示希望和向往的图案，此外还有三元及第、状元及第、连中三元、五子登科等图案。

下面列举一些中式家具中常见的吉祥、富贵、喜庆的图案。

（1）福禄寿禧

图案为蝙蝠、鹿、桃和喜字。以前人们常以蝙蝠之蝠寓意幸福之福；借"鹿""禄"同音；寿桃寓寿意，加之以禧字，用此表示对幸福、富有、长寿和喜庆的向往。

（2）五福捧寿

图案是由五只蝙蝠围住中间一"寿"字。"蝠"与"福"同音，常被人们借用。五福的具体内容是：一福为长寿，二福为富有，三福为身体健康，四福为积德行善，五福为善终。

（3）多福多寿

图案为一只寿桃数只蝙蝠。相传天宫王母蟠桃三千年结一次果实，所以桃后来称为寿桃，即以桃来表示长寿。

（4）福寿无边

也称福寿绵长。图案为蝙蝠、寿桃和盘长。蝙蝠和寿桃谐音为"福""寿"，盘长意为"永无尽头"，表现了人们祈求幸福长寿。永无止境的美好愿望。

（5）吉祥八宝及八仙

八宝分为两类：佛家八宝有法轮、法螺、宝伞、白盖、莲花、宝罐、金鱼、盘长八件宝器，俗称"轮螺伞盖，花罐鱼长"。道家八宝即八仙护身法宝，为渔鼓、宝剑、花篮、笊篱、葫芦、扇子、阴阳板、横笛八件宝器。八件宝器相连接的图案称为"八宝联春"或"八宝吉祥"。单有道家八宝，多称为暗八宝。

（6）八仙过海

图案为八个仙人皆持宝器，下有大海波涛。古代神话传说中的八仙，有铁拐李、汉钟离、张果老、何仙姑、吕洞宾、蓝采和、韩湘子、曹国舅。八仙故事多见于唐、宋、元、明文人的记载。"八仙庆寿"、"八仙过海"的故事流传最广，传说八仙在庆贺王母娘娘寿辰归途中路过东洋大海，各用自己的法宝护身为舟，竞相过海，以显神通。

（7）麻姑献寿

图案为麻姑仙女手捧寿桃。麻姑，古代神话故事中的仙女。相传三月三日西王母寿辰，她在绛珠河畔以灵芝酿酒，为王母祝寿。故旧时祝女寿者多以绘有麻姑献寿图案之器物为礼品。传说三月三日王母娘娘寿诞之日，各路神仙来祝贺，而以此取其吉祥喜庆之意。

（8）平安如意

图案为一瓶、鹌鹑、如意。以瓶寓平，以鹌鹑寓安，加一如意，而称平安如意。

（9）一路平安

图案为鹭鸶、瓶、鹌鹑。另有图案为鹭鸶、太平钱的叫一路太平。以鹭鸶而寓路，祝愿旅途安顺之意。鹭鸶也是中国古代的吉祥鸟，清朝六品文官官服的补子即是此鸟。

（10）岁岁平安

图案为穗、瓶、鹌鹑。以岁（穗）岁平（瓶）安（鹌）之谐音借意表示人们希望平安的良好愿望。

（11）马上封侯

图案为一马上有一蜂一猴。以马上封侯（蜂猴）寓比立即升腾的愿望。图案为一大猴背小猴者，称辈辈侯；一枫树、一印、一猴或一蜂、一猴抱印者称封侯挂印、挂印封侯。

12. 太师少师

图案为一大狮子、一小狮子。太师为官名，周代设三公即太师、太傅、太保，太师为三公之最尊者；少师亦官名。"狮"与"师"同音而寓太师少师之意，表示辈辈高官的愿望。

13. 万象升平

图案为一象身上有卍字花纹，腰背上负一瓶。卍字在梵文中，意为吉祥之所集。佛教认为卍是释迦牟尼胸部所见的"瑞相"，用作万德吉祥的标志。武则天长寿二年（693年）制定此字读"万"。万寿升平，表示人民祝愿国泰民安、百业兴旺、国富民强的升平景象。还有"太平景象""景象升平"等图案。

14. 四海升平

图案为四个娃娃抬起一瓶。四个小孩（海）抬起（升）一瓶（平），表示四海升平，以此表达人民厌恶战乱、热爱和平之善良愿望。

15. 寓多子

图案为开嘴石榴或葡萄。旧时传说，文王有百子。"榴开百子"表示多子。还有"子孙葫芦""百子图""麒麟送子""莲生贵子"等图案，表示子孙万代、万代长春等愿望。

16. 教子成名

图案为一雄鸡引颈长鸣，旁有五只小鸡。以雄鸡教小鸡（子）鸣（名）叫，寓以"教子成名"。还有"五子登科""一品当朝"等图案，表示殷切期望子孙取得非凡的业绩。

17. 玉堂富贵

图案为玉兰花、海棠花、牡丹花。玉兰冰清玉洁、素净莹润，常借以比喻华富门第；牡丹，花之富贵者也，因其国色天香，象征富贵。用玉兰花、海棠花和牡丹花象征"玉堂富贵"。

18. 博古图

图案为鼎彝钟磬、瓷瓶玉件、书画盆景等。图案中各种器物造型种类繁多，给人以古色古香之感。

19. 四艺图

琴、棋、书、画是我国传统文化生活的重要内容，是历代文人雅士的必备之物。图案中的四艺象征文人的文化修养。

20. 平安吉祥

图案为花瓶之中插三支利戟，置于象背的鞍上。"瓶"与"平"，"鞍"与"安"，"戟"与"吉"，"象"与"祥"谐音，即寓意平安吉祥。

21. 万事如意

图案中通常以万年青、S字和柿子、如意等物象组成。以"S"与"万"，"柿"与"事"谐音以代"万事"。亦有不用柿子，仅以S字为底纹，上绘如意图案表示的。

22. 年年如意

图案由两条鲶鱼和如意构成。因"鲶"和"年"谐音，另此图案在物象的表现上将如意变形为水纹或浪花，如鱼在水，颇具新意。由莲花和鲤鱼组成的图案即谓"连年有余（鱼）"。

23. 和合如意

和、合是传说中的两位仙人，即手持莲花的"荷仙"和手持圆盒的"盒仙"，两人姓虽相异，但亲逾兄弟。后人借"荷""盒"谐"和""合"，取其和谐合好之寓意。民间图案中也有在圆盒中插入荷花，在外边放灵芝（灵芝喻如意）的做法，取和合如意之意。

24. 四季如意

画面以柿子、枇杷、葡萄、西瓜、石榴、荔枝、白藕等四季瓜果或梅、兰、竹、菊等四季花卉配合如意构成纹样。

25. 福寿如意

多以蝙蝠、佛手、桃子及如意等构成吉祥图案。亦有以"寿"字代桃者，用灵芝代如意者。"蝠"、"佛"均与"福"字谐音，桃亦称寿桃，象征长寿，合为图案，寓意为福寿如意。明清时较为流行。

26. 福禄相连

"禄"即古代官吏俸给之谓。鹿与蝙蝠组成首尾相连之环形图案，即谓福禄相连。

27. 麒麟送子

亦称"玉麒天赐"。以童子跨骑麒麟构成吉祥图案。童子戴冠着袍，一手持莲，一手持笙；以莲、笙寓意连生，灵兽麒麟自天而降，喜送贵子。此图案流行于清代。

28. 子孙万代

以葫芦和葫芦藤蔓或"卍"字构成吉祥图案，葫芦为多籽植物，借喻为子孙繁衍；"蔓"、"卍"和"万"谐音，藤蔓缠绕、盘曲绵长，寓意万代久长之意。

29.一路连科

封建社会科考之中连连及第谓之"连科"。"一路连科"，意即闱场得意，一路顺风。图案中通常以鹭鸶（白鹭）、莲花、荷叶及芦苇等构成一幅池塘小景。

30. 傲霜秋菊

菊为菊科多年生草本植物。多在秋霜万花凋零之时开花，更显出其耐寒傲霜之凛然风骨。古人以菊明志，比喻自己的高尚情操。

31. 露根兰（亦称"根草"）

以露根之兰花构成图案。兰花以其特有的叶、花、香独具气清、色清、神清、韵清，给人以高洁清雅的优美形象。宋末诗人、画家郑思肖（号所南），与朝客交往，坐必南向，以示不忘故土。平生善画墨兰，入元之后画兰，疏花简叶必露根，谓："土为番人所夺，忍著耶？"后人感佩其高风贞节，亦多以"露根兰"为饰。

32. 国色天香——牡丹花

牡丹花为中国特有之花卉，古代被尊为"花中之王"，有"国色天香"之誉。因其花端庄艳丽、仪态万方，被视为雍容华贵的象征。

33. 三阳开泰

《易》以十月为坤卦，纯阴之象。十一月为复卦，一阳生于下；冬去春至，阴消阳长，有吉亨之象。故以"三阳开泰"或"三阳交泰"为岁首称颂之辞。明清之际多以此为吉祥图案。表现方法有多种，常见者在一方饰太阳、流云，一方饰山石和竹、梅等各种花草，中间饰三只羊。以"羊"与"阳"、"太"与"泰"皆谐音，加之"羊"字又是"吉祥"之"祥"的古字，故表新年伊始，万物复苏之吉祥寓意。

中式家具的纹饰在不同的时期有各自的风格，即使同一题材在不同时期表现形式和细部特征也各有不同，因此纹饰可为家具的断代提供佐证。

第八章　中式家具设计的自然意趣

自古以来，中国造物及艺术行为都秉持"崇尚自然"的理念，重视自然规律与自然意趣对人类行为及心性的约束和引导，"天人合一"思想则构成了这种理念的基础。自然界不仅为人类设计及造物提供物质资源，而且在精神及审美上也是很好的参照，正如老子所说："人法地，地法天，天法道，道法自然。"（《道德经》第二十五章）这里的"自然"既指客观存在的大自然，也指天然，自然而然，是以自为然，自在、自为、自由，理所当然的意思。而"道法自然"也指"自然而然乃是宇宙万物的运行规律"。这一思想也直接影响着中国传统造物及艺术行为审美评价，"外师造化，中得心缘"即强调对山水自然的观照和效法而形成内在灵性的感悟，在这里"自然"被作为道的载体而存在。作为设计行为的参照，自然既是设计取法的对象，同时也是设计表现或追求的理想境界。尽管在20世纪以来的工业发展和科技进步的影响下，设计更倾向技术美学的表现，但效法自然，以自然法则为原理，仍旧是人们获取设计灵感与抽象概念的重要原则之一。现代中式家具是在继承中式传统家具美学特征及内涵语义的基础上结合现代生活方式形成的家具类型，其设计应延承并拓展中式传统家具中的自然理念，并通过对相关原理、原则的析理与应用，在家具中表现具有美学内蕴的自然意趣。

第一节　传统中式家具对自然的观照

一、传统中式家具对自然观照的方式

传统中式家具重视对自然的观照，除了受"天人合一"思想的影响外，还受中国传统审美观念的影响，所谓"制器尚象""巧法造化"都是强调对自然的模仿与参照，中国传统审美中对自然意象和气韵的推崇则直接影响着传统中式家具的气质和韵味，而中国山水画中空间、虚实、线条等处理方式也影响着传统中式家具造型及构造，工匠们为了在家具中塑造自然意趣往往将自然界的事物和人们的美好愿望相结合，将自然界中的动物、植物以及美的事物经过艺术加工与变形，或是雕刻或是镶嵌，使之在家具中得以生动再现，从而体现"人与自然、理性与情感、物质与心灵的交融和统一，使家具充满天然和淳朴的设计思想"。而受道家隐逸思想、禅宗虚静美学影响下的中国文人审美也促使中国传统家具

追求清雅、脱俗的自然之美，在造型及家具空间形式上更倾向于中国画"重写意，轻写实"的表现方式，因此其对自然意蕴的表达通常都隐含在家具的整体造型与线性关系之中。

作为传统中式家具"观物取象"的自然概念，既包括真实的自然界及其中万物，也包括人内心体悟或体验到的内在自然。前者通常被工匠直接加以应用，如山水树木、花鸟虫鱼等等，几乎都可以在传统中式家具的装饰内容中找到，而且经过艺术联想后形成美好的寓意，如清代家具中为了取义"福、禄、寿、喜"而常常雕刻有蝙蝠、梅花鹿、怪兽与喜鹊的纹样，这既体现了家具贴近自然、亲和自然的美感，也使家具具有了丰富的文化寓意；而具有人格品质象征意义的自然事物，如梅、兰、竹、菊，被应用于家具之上，则使家具本身的气韵更加明晰与突出。后者则专注于自然意境和自然体验的表现与传达，所谓"仁者乐山，智者乐水"，就是要领会山水之间蕴含的内在精神，将这种自然的精神在家具中得以体现，即是对自然之美的追求也是对心灵品性的外显，故《中庸》曰："能尽人之性，则能尽物之性；能尽物之性，则可以赞天地之化育。赞天地之化育，则可以与天地参矣。"（《礼记·中庸》）

综合来看，传统中式家具对自然观照的方式主要表现在两方面：一是师法自然，既通过对自然物象、自然意象及自然状态的模拟和模仿来构造家具形态及韵味；二是表现自然，指将自然元素、自然形态及自然体验纳入家具造型之中，使家具形成自然美。

二、传统中式家具师法自然的体现

受"天人合一"思想及老子"道法自然"思想的影响，中国古代匠人在设计制造家具的活动中非常重视对自然事物及现象的模仿与效法，但这种模仿与效法并不是简单地或肤浅地临摹物象，而是结合自身体悟而进行的主观创作。庄子讲"原天地之美而达万物"（《庄子·知北游》）。在禅宗则是"法尔自然""万法如如"，都是强调对山水自然的观照。又如南朝宗炳在《画山水序》中所说："圣人含道映物，贤者澄怀味象。"（宗炳《画山水序》）也就是说，在反映自然和师法自然的过程中需要有自身完整的主观境界，并在逐渐凝练、抽象并剔除杂质的过程中观察、体验、品味物象的内在情韵，从而在不断否定、不断明晰又不断融合的过程中达到对自然的再现。白居易所讲"大凡地有胜境，得人而后发；人有心匠，得物而后开"（白居易《白萍洲五亭记》）亦是此理。如宋代黄伯思所做《燕几图》中记载的燕几，是指一种按一定比例制成大（二）、中（二）、小（三）七种长方形桌具，经过周密的计算和摆布，其桌面能灵活变换组装成25体76种组合，"纵横离合，变态无穷"，作者根据组合出的形态分别命名，如"函三""屏山""磬矩""瑶池""金井""鼎峙""斗帐""球门""石床""悬帘""杏坛""双鱼"；明代戈灿的《蝶几谱》中记载的蝶几则将长方形桌面转化成十三面三角形和梯形桌面，排布方式更加灵活多样，可组成亭、山、鼎、瓶、蝴蝶等一百三十多种形式，这些组合形式大多来自于自然物象，而使家具布局摆设具有自然意趣。

在中式传统家具设计中，"师法自然"主要表现在对自然物象的模仿及对自然界秩序原理的应用。

1.模仿自然物象

"观物取象"作为古代文化最朴素的实践认识法则，也是中国传统文化衍生出的重要设计思想，圣人以天地自然为本，造物者莫不"仰观俯察""观物取象"，将从自然观照中获得的灵感与妙悟灵活运用于创作之中，书画艺术诗词歌赋如是，家具设计亦如是。传统中式家具不单纯是满足使用功能的需要，受中国传统哲学及审美的影响，其中也暗含着诸多象征天地万物关系的阴阳五行的概念，并结合事理观念形成特殊的内涵性语意。自然物象精意微妙，如南朝刘勰在《文心雕龙·原道》中谈及自然之道时说："傍及万品，动植皆文：龙凤以藻绘呈瑞，虎豹以炳蔚凝姿；云霞雕色，有逾画工之妙；草木贲华，无待锦匠之奇；夫岂外饰，盖自然耳。"这尽管是指自然对文学艺术创作的启迪作用，但对于家具设计同样说明"自然是启发设计师创作灵感的最好教材，自然物象的建构秩序是设计形式的重要演化资源"。

在传统中式家具中，对自然物象的模仿往往将形、神、意融为一体，不仅具体地模仿自然万物的形象，而且将其意象与神态进行提炼抽象应用到家具整体或局部之中。如中式传统家具中的框架结构几乎可以看作是传统木构建筑中梁柱框架的微缩版，腿足四仰八叉的"侧脚"与建筑中柱子的与"收分"相似，几乎都取自人体站立时的稳定姿势，而搭脑形式则多模仿建筑中的庑殿式或歇山式坡屋顶的造型。如果说家具和建筑具有同宗同源的关系的话，那中式传统家具中诸多结构、造型则直接取象于自然界的动植物，如桌椅中采用的内翻马蹄足、外翻马蹄足以及蜻蜓腿（螳螂腿），灵芝形搭脑、梅花形座面、涡旋形桌面等。如红漆嵌珐琅面梅花式香几的腿足上粗下细呈"S"形，至脚头带弯外翻，形式柔媚而富有弹性，尾部直接模仿花叶卷曲之形态，将植物自然舒展形态摹写得淋漓尽致。除了在家具局部采用自然形态之外，部分中式传统家具还通体模仿或应用自然形态，如图3-24明紫檀有束腰带托泥宝座，除座面和束腰外，全身布满了用莲花、莲叶、枝梗及蒲草构成的图案，花叶的向背俯仰，枝梗的穿插回旋，与宝座造型巧妙结合起来，脚踏也采用莲叶造型，整体构成了对"出水芙蓉"的曼妙摹写，在尽显自然情趣中又毫无牵强生硬之感。而如清乾隆御用鹿角椅则直接应用四只鹿角构成主体框架，脚跟部分做足外翻成马蹄形，前后两面椅腿处横生出叉形成托腿枨，靠背与扶手由另外两只鹿角相连而成，整体连贯而自然顺畅，又与传统家具形制相合。此外，中国传统中式家具对自然物象的观照还体现在对宇宙图示及阴阳象数等方面的应用，如明式圈椅采用上圆下方的形式即是对"天圆地方"模式的模仿；座椅靠背板的"S"型曲线则是来自于对自然状态下人体骨骼曲度的模仿；家具材料应用则注重对自然事物阴阳关系的处理，如阳面即观看面、迎人面，要选美材、施造型、重雕刻、多打磨；阴面乃背面、内部，则强结构、设榫卯。

2. 应用自然秩序原理

事实上，"自然界的秩序原理是设计的最高原则"。所以，以"师法自然"为主旨的传统中式家具亦非常重视自然界的秩序原理的应用，这对于受儒家"中和"思想影响颇深的造物观念来说，主要体现在对中正、对称、比例适度等和谐数量的应用上。首先，作为自然界最基本的秩序原则之一的对称形式无疑是来自大自然的朝熏暮染，这在传统中式家具中应用最为广泛，几乎成为传统中式家具设计的最大特色。传统中式家具的中轴对称形式自不必说，在传统家具中往往可以找到一条或者多条中轴线。而对于数学意义的对称形式——由反射、平移、旋转和滑动反射四种刚体运动形成的 17 种二维图案组合形式——也几乎都可以在传统中式家具的装饰结构中找到，如明三屏风攒接围子罗汉床的围子的曲尺图案，即是采用滑动反射形成的；明柜面四簇云纹为旋转运动形成的对称图案。其次，传统中式家具采用严谨的榫卯结构连接，榫头与卯眼的配合形成了固定的模数和比例关系，这也保证了家具的标准化实施，家具的尺度和比例关系也与人体尺度相适应，并形成了一系列和谐的比例，如明式南官帽椅造型中存在着几种和谐比例关系：黄金比（1:1.618）与白银比（1:2.414）（如图 3-30），正是这种近似巧合的比例应用使得此椅造型凝重而协调，加上选材整洁，造工精湛，而成为传统中式家具中的无上精品。

三、传统中式家具表现自然的方式

中国古人将天地自然看作是化生万物的根本，在师法自然的造物过程中也在通过自身的主观体悟表现着自然，使所造之物具有自然的属性或意趣，从而实现在"形物"上的"天人合一"，这种表现既是出于对自然之美的赞叹和认同，也是对艺术审美的一种理解和延伸。受庄禅哲学影响，中国传统美学非常重视"自然"的表现，并将其作为重要的美学范畴来指导艺术与造物行为。从美学表现角度来看，"自然"一方面代表着来自自然万物的物象与意象，或是具有内在美感的自然界的无机物或有机物的语意、符号、元素，重在自然形式的应用和表现，山、水、草、木、鸟、兽、云、气等都可以作为表现自然的对象；另一方面则是一种自然而然的艺术境界，强调艺术表现的圆 § 顺畅，不晦涩，不勉强，不生硬，随物而化，因类而施，重在体现"同自然之妙有""本乎天 i 之心"（唐·孙过庭《书谱》）的自然意境。"自然"在唐代司空图的《二十四诗品》中的描述为："俯拾即是，不取诸邻。俱道适往，著手成春。如逢花开，如瞻岁新，真与不夺，强得易觅。幽人空山，过雨采萍，薄言情悟，悠悠天钧。"（唐·司空图《二十四诗品》）这说明自然意境讲究"无意乎相求，不期然相遇"，而在表现中强调"信手拈来""俯拾即是"的不隔之境。在传统中式家具中，表现自然的方式主要有：①显性自然表现，即将自然界的动植物等纳入家具造型之中，直接表现自然物象或意象；②隐性自然表现，指在家具造型中表现自然而然的意境，或是空灵秀逸，或是圆融顺畅，着重表达自然内在的美感和情趣。

1. 显性自然表现

在古人眼里，造物的目的不仅仅是"致用"，而且强调"物以载道"，将造物作为载道比德的工具。传统中式家具尽管是匠人百工所为，其审美表现却受到文人士大夫审美理念的影响，将文人在书法绘画及音乐艺术中对自然的关照融入家具之中，使造物与艺术获得理念上的融通。中国传统绘画中的自然题材，如山水、花鸟及人物，几乎都以演化的变体出现在家具的装饰之中，这也构成了传统中式家具显性自然表现的主要内容。与书画中应用笔墨表现自然不同，传统中式家具主要通过雕刻、镶嵌及攒接、斗簇等手法在木材中表现自然事物，所表现的内容也多种多样，就装饰题材来说，主要有：植物花卉类、动物禽兽类、人物故事类、自然景物类、吉祥纹样类、几何纹样类等。其中吉祥纹样与几何纹样虽然不是直接表现自然事物，但大多是对自然现象或人造物中的和谐形式的应用，如盘长、曲尺等，因此也可以看作是显性自然表现的内容。

前四类虽直接取材于自然界，但往往也与后两类结合在一处以增加吉祥寓意，如凤穿牡丹、杏林春燕、玉堂富贵、麒麟送子、龙凤呈祥等等。由传统中式家具形制演变来看，魏晋时期家具就吸收了佛教中莲花、宝相等自然纹样，而到明式家具中对自然的显性表现已较为突出，但主要集中在局部装饰上，起到画龙点睛的提神作用，如明式典型座椅中对自然事物的表现和刻画，都集中在视觉中心点位置，或对称于家具中轴线分布于左右两侧，并靠近手扶握部位；而到清后期的家具中对自然事物的表现与应用则极为普遍，甚至到了繁缛与滥觞的地步，自然元素的应用几乎涉及家具的任何部位，甚至通体雕刻、镶嵌或剔红。这神应用尽管使自然要素得到广泛应用，但是却在注重装饰性和工艺性的同时淡化了家具的功能性，反而失去了家具与自然的平衡与和谐，使家具更多展现的是"人工"，而非自然。因此对于自然要素应用与表现需要有"度"和"量"的把握，并非多多益善。

2. 隐性自然表现

由于中国传统美学受道家或庄禅思想影响颇深，作为美学范畴的"自然"通常被看作是"属于'道'本体的品格……是最高的审美理想"，如《通玄真经》卷八《自然》篇，唐代默希子题注称："自然，盖道之绝称，不知而然，亦非不然，万物皆然，不得不然，然而自然，非有能然，无所因寄，故曰自然也。"可见其不仅指客观的自然物象，而且指蕴藏在自然界生命本体中的自然而然的状态，强调的是非人工的天然气韵，一方面要求内容上契合自然物象，另一方面指在表现途径和形式上自然而然，要求形式任其自然而得，不刻意去修饰或雕琢，所谓"既雕既琢，复归于朴"（《庄子·山木》）就是指不假修饰的自然质朴之感是美的根本所在，及"朴素而天下莫能与之争美"（《庄子·天道》）。对于"自然"美学范畴的理解也是非常丰富的，唐代司空图《二十四诗品》中"自然"一品就表达了艺术创作的随意性与自由度，不受形、质、物的影响和限制，强调内在美感与灵性的自然舒张，而其他各品，如"精神""飘逸""清奇""含蓄""疏野"等也都流露出自然之旨趣。张彦远在《历代名画记冲提出"自然、神、妙、精、谨细"的品格等级，指出"自然者为上品之上"，这里的"自然"具有"逸"的特征，即指"迹简意淡而雅正"。徐复观在《中国艺术精神》则直接将"自然"等同于"逸逸即是自然，自然即是逸。"此外北宋苏轼在《东坡谈艺录》中将"随物赋形"看作是一种自然而然的境界，明代计成的《园冶》则表达了"虽由人作，宛自天开"的自然旨趣。综合来看，"自然"在中国传统审美中主要表现为：质朴的原初感、雅逸的气韵感、随性的自由感。这也构成了传统中式家具隐性自然表现的主体。

首先，传统中式家具十分注重木材天然纹理的自然美，不管是细木还是柴木，都强调天然原初的质感表现，尤其是硬性木材所表现出沉穆雅静、生动瑰丽的艺术美感。这一方面是由于木材纹理本身具有的古朴、自然的美感，另一方面在于中国传统审美（尤其是文人审美）对质朴的原初感的推崇和追求。如明式家具多用黄花梨，颜色从浅黄到紫赤，纹理古朴美好，备受明代文人所推崇，如黄花梨三棱矮靠背南官帽椅和大灯挂椅通体皆素，不施彩绘和装饰，完全靠黄花梨材质质感和纹路来表现自然的古朴之美，配以中正稳固的框架形体，使传统中式家具的自然美感得以彰显。此外，传统中式家具惯用木材中的紫檀、鸂鶒木、铁力木、红木、楠木、榉木等也由于纹理色泽及木性的不同而呈现出不同的自然意趣，如紫檀色泽有沉郁之感，宋代赵汝适《诸藩志》评价为"气清劲而易泄，爇之能夺众香"。楠木纹理曲线纵横，有的近似山水人物形象。

其次，传统中式家具造型表现注重"雅逸"的气韵感，强调对自然本真、自由及灵动的动态美感的表现。雅，即典雅、清雅，是自然和谐适度的表征；逸，即逍遥、动逸，是"一种不拘形似，重在传神的审美洞见……一种简约清新的艺术表现形式传统中式家具受中国书画艺术影响在造型上强调线性表现，以线结形，以线达意，而在线的形式上则不拘一格，变化多样，根据家具形体、结构及部位的不同而灵活逗用各种线形，最为典型的是座椅靠背板的"S"型曲线，其既体现了与人体骨骼的配合适度，同时在美感上也显出超逸自然之感。再如马蹄足霸王枨条桌中桌腿的直线与霸王枨的曲线连接配合，有如树干侧生枝丫，粗细适度，整体秀逸。总体来看，传统中式家具中的明式家具尤为重视"逸格"的表现，而到清中后期的家具则较多充满了雍容华贵、富丽堂皇的"富贵气"，与"逸"之自然感相去甚远。

最后，传统中式家具尽管有着明确的形制规范，但在具体家具设计制造过程中又具有较大的自由度，并不受固定式样的严格约束，工匠往往"因材施技""随物赋形"，根据实际需要并结合自身的审美理解加以改造与再设计，从而使家具造型具有随性的自由感。如座椅靠背板的装饰形式，或是通体皆素不做装饰，或是做圆形、如意形浮雕或透雕等，都旨在视觉中心点形成"点睛之笔"，其自然随意之感尤为重要。

第二节　现代中式家具师法自然的方式

由前文可知，"师法自然"是传统造物的基本原则和共同特征之一，传统中式家具对自然的关照也是基于这一原则基础上的。但现代中式家具开发是基于现代工业生产技术条件之上的，不同于传统中式家具的手工艺制作方式，其设计受西方理性思维与功能主义的影响，更注重功能性与技术美的表现，造型倾向于抽象形态或简单几何形的组合，而在自然要素的应用上大多沿用或照搬传统中式家具的样式，缺乏对自然物象和状态的理解，因此往往造成形式上的悖谬。诚然，传统中式家具对自然的关照相对比较成熟而且应用广泛，有许多是值得现代中式家具借鉴和吸取的，但是必须明确的是，那毕竟是传统的，而不是现代的，在继承的过程中必须去粗取精，结合现代生产实际需要加以取舍和改良。如传统中式家具中采用诸多繁复的雕刻对动植物进行刻画和装饰，甚至是通体雕刻花纹，这等无利于功能的表现自然对现代审美是不足取的，而且与可持续设计原则是相违背的。现代中式家具同样应重视"师法自然"，但师法的对象与方式应结合现代审美与实际需求来确定。对于采用现代家具结构及造型而沿用传统家具装饰的"化妆"做法是应当摈弃的，而当前诸多中式家具之所以被认为"墨守成规，泥古不化"或"东施效颦"，也往往是由于装饰内容和方式上缺少创新，这正如刘禹锡对当时工匠的针砭："今之工咸盗其古先工之遗法，故能成之，不能知所以为成也，智尽于一端，功止于一名而矣。"（唐•刘禹锡《机汲记》）

可以说"师法自然"并不存在时代或地域上的差异，而是源自人类热爱自然的本性，是"人们对自然环境的一种生物本能的亲和力……当人们在同自然接触过程中获得极大满足感时，他们将从这种亲近生物本能的价值观中得到重要的身心愉悦"。按照美国斯蒂芬•R•凯勒特等人的研究，人类这种热爱自然的本能价值观会对人们的生理和心理带来益处，"可能获得基本的物质和服务，更有可能找到解决问题的关键点，更有创造性和探索精神，更好地抒发情感和发展同社会的联系，甚至有更强的社会正义感和责任感，更加地坚定自己认为正义和有意义事物的能力"。所以，现代中式家具设计同样需要满足这种热爱自然的本能价值需求，吸收并发展传统中式家具"观物尚象""含道映物"的方式，在适应当代审美理念和实用需求的基础上去对自然进行观照，从而在家具设计中实现对自然的亲近与表现。总体来说，现代中式家具"师法自然"的方式主要有模仿自然物象与效法自然状态。

一、模仿自然物象

模仿自然物象，指在现代中式家具外形及形式上直接模仿、吸收或借鉴自然物象，使家具与被模仿对象具有明显或不明显的相像之处，反映出对自然特征和自然过程的一种亲和力，如模仿自然界动植物的外形或形式的装饰风格，材料应用上模仿自然材料质感等。

这种直接模仿自然物象的理念在传统中式家具中应用较为广泛，现代的设计师也习惯于向自然寻找灵感。始于仿生学③的仿生设计就是以自然事物的"形""色""音""功能""结构"等为研究对象，有选择地在设计过程中应用这些特征原理进行的设计，同时结合仿生学的研究成果，为设计提供新的思想，新的原理、新的方和新的途径。而且仿生设计"对自然形态内在的亲和性有着千丝万缕的联系，一旦设计中成功表现了生物形态的特征……则有助于提高人类的身心健康。"在现代家具设计中，仿生设计应用非常广泛，不仅包括对自然界动植物形态的模仿，而且包括对生物分子结构、功能及意象等层次的模仿，既可以是具象的模仿或抽象的模仿，也可以是整体的模仿或局部的模仿，只要具有自然美感特征的物象都可以成为现代设计模仿的原型。现代中式家具设计应在继承和借鉴传统中式家具模仿自然物象方式的基础上，重新审视并研究现代人对自然的感受和体验，结合现代审美及实际需求选择模仿的自然要素或效法的自然对象，而不应不假思索地照搬或沿用过去的要素和内容。基于自然物象特征认知与家具构成要素的相关性，可以将现代中式家具模仿自然物象的方式归纳为以下两种：自然物象的具象模仿和自然物象的抽象模仿，从"观物取象"的角度来看，前者重在"物"的模仿，后者则倾向于"象"的提炼及转换应用。

1. 自然物象的具象模仿

自然界中的物象，如动物、植物、山峦、岩石、水波、日月、细胞及分子结构等都具有具象的形态或组织结构，对于其外在特征的直接模仿和移用则构成了现代仿生设计的基本方式之一，这同样适用于现代中式家具的设计创新，从而使现代中式家具避免沉浸在"传统的故纸堆"中。对自然物象的具象模仿不仅可以增加家具的趣味性，而且可以使人们在使用过程中形成一种体验生命与亲和自然的情感。由于现代中式家具在风格特征上需要与传统中式家具保持文脉一致性，因此其对自然物象的模仿或仿生应是在保持中式风格前提下进行的，如果只是简单的模仿自然物或仿生，尽管可以获得很好的设计方案，但家具的"中国特征"不明显或不存在，也是与现代中式家具设计目的相背离的。如现代模仿树根家具与传统中式家具的对比，尽管二者都是对根藤形态的直接模仿，但是在审美及形式上却很难建立必然的联系。因此现代中式家具对自然物象的模仿必须兼顾传统家具形式及审美表现，重视在中式审美或中式家具文化下的自然仿生。如中国家具设计太赛获奖作品"花枝招展"椅，其造型模仿盛开的花卉形态，仿生的花朵形态幻变为家具的|靠背、把手等细节，红色的坐垫构成花蕊，整体富于生机与动感，但整体形态及比例又与中式扶手椅颇为契合，可以看作是现代中式家具模仿自然物象的典范。总体来看，现代中式家具设计具象模仿的自然物象主要集中在植物、动物的整体或局部形态上，色彩或肌理或明显的结构形式上，在模仿方法上主要通过简化、转换、材料替代、形态联想等方式将自然物形态演化为木材表现。此外，现代中式家具设计还重视取象于传统建筑、艺术或工艺造物中的典型事物，如民居形态、陶瓷形态、园林花窗、剪纸年画等，并将其与家具形态相结合，从而形成别具风味的现代家具。

2. 自然物象的抽象模仿

与具象模仿相比，对自然物象的抽象模仿更容易与传统中式家具特征相结合，并适合应用抽象形态或几何形态来诠释自然物象的内在美感，更能够发挥现代家具工艺及材料的特点，并适合现代工业化生产方式。如联邦家私的"龙行天下"与"凤仪九州"系列中两款座椅分别对龙、凤形象进行抽象和概括，从中提炼出颇具古韵的典型元素加以符号化应用，进而在现代家具中很好地传达出传统家具中龙、凤的内蕴。与传统家具注重在装饰内容上模仿自然物象不同的是，现代家具更倾向于采用抽象形态或几何形态来构造家具形态，因为自然要素被抽象化处理后便淡化了物象表层意义，会让人更加关注到抽象化自然要素背后的自然本质，因此其在模仿自然物象的过程中首先需要对模仿对象进行要素提炼，使之转化为利于参考或表现的视觉图形（二维图形或三维影像），以强化和凸显某些具体特征，然后针对家具的设计概念和目标对相关特征进行演变和转换，可以通过渐变、联想、类比、逆向思维、夸张、特异等方式获得所需形态。自然物象的抽象模仿能够更为概括或抽象地表现自然物象的形态特征和自然属性，并赋予家具自然生物的感觉和生命活力，在审美上能够以更为深刻的语义象征获得使用者的文化认同和情感体验。

二、效法自然秩序与状态

如果说自然物象还为现代中式家具设计提供了可供模仿的具体形态的话，那么蕴藏在自然界中的诸多秩序原理及和谐与美的状态则是无形的，或者说只能依赖知觉体验或心理体悟才能得到的，如人们处于风景秀丽的山水或田园之间总会感到身心舒畅，有自然惬意之感，这种感受不是来自某山某水的具体形态，而是这种自然而然的状态感染人的内心。所以对自然秩序与状态的理解构成了"观物取象"的深层结构，即凭借主观心意对自然物态进行归类、综合和抽象，注入情感和意志而使之成为具有美感体验的形式。譬如，古人对天地自然的认知未能依靠科学来判定，而只能依靠主观感受以方论地，以圆体天，而"天圆地方"也就构成了基本的自然状态，并在艺术、造物设计中加以效法，如明式圈椅中上部的栲栳圈与底座的方形框架就传达了"天圆地方"的概念。可见，"观物取象"的目的是为了"尽意"，而"意"的所在就是人的主观精神与深层心理体验。刘勰在《文心雕龙·明诗冲说："人禀七情，应物斯感，感物吟志，莫非自然。"就说明主体发自然之情性是在艺术创作中形成自然风格的关键，依照"天人合一"的观点，主体自身体现造化的创造规律，发乎情，则其情乃从心灵中自然流露。同样在现代中式家具设计中"观物取象"的目的也是在家具中表现人对自然的理解、情感、认知和体验，因此需要设计者探索幽深、至赜的自然状态，获取隐藏其中的秩序性与本质体验，从而使最终设计臻于化境，于无形处现出自然之本真，这也是老子所说"大象无形"（《道德经·第四十章》）的体现，而探索的方式也正印证了《周易》所倡导的"探赜索隐，钩深致远"（《周易·系辞上》）与"穷神知化""穷理尽性"的必要性。总体来看，现代中式家具设计对自然秩序及状态的效法主要体现在效法静态秩序和效法动态状态上。

1. 效法静态自然秩序

由《周易》始，中国古人认为宇宙万象表面是静态的，但却处于不停的运动变化之中，"动"与"静"是相互依存的，没有绝对的静，也没有绝对的动。但在传统美学领域，受老子"空无"与庄禅"虚静"思想的影响，"静"比"动"具有更为广泛的应用，而对于源于山水意象的自然更是以静态呈现的，尤其是在艺术表现中呈现出的静谧、静逸、清静、雅静等含蓄内敛、空灵悠远的本然状态往往形成无限的遐思，表现出禅的意趣。如元代倪瓒在《安处斋图》中通过三段式构图描绘了近处坡坨和枝叶疏落的树木、远处一抹平缓缥缈的沙渚岫影，占据画幅主体的湖水则以中间大片空白代表，整体呈现出幽淡静谧、萧肃空旷的自然状态。不仅书法绘画着力于表现自然的静态特征，中国传统建筑园林、工艺美术及家具设计等也同样重视对静态秩序的效法。中国传统建筑的对称均衡结构显示出稳定的静态秩序；园林对山水意境的效法更是表现出"静"的自然氛围，即便是水景也往往以静态为主；中国传统家具也通过质朴的天然纹理和中正谐适的造型显出静态秩序美，即便是采用自由流畅而具动感的曲线构成家具形住，其置于厅堂之中，仍是让人感觉安谧宁静，中正素雅，具有沉郁静逸之感。可见，对自然静态秩序的效法及展现构成了中国传统审美的重要内容，并以具体的形式在艺术及造物中呈现出来，进而直接影响人们对自然意境的观感和体悟，现代中式家具设计应秉承这种对自然静态秩序的效法，并通过对现实自然中的静态秩序的效法以显现传统中式家具中的"静逸"美。如联邦家私推出的江南世家系列家具，分别以"荷塘月色""静月听蝉""琵琶行"等概念命名，既取其中蕴含的文化意义，又旨在突出不同场景和气氛中的静态自然状态，而家具造型也体现出静逸的品格。就现代中式家具效法静态自然秩序的途径来看，通常可以从传统书画、诗词音乐等文艺作品中获得静态自然秩序及美感的素材，经过与传统中式家具表现手法及形式的结合与变化，能够获得兼具中式特征与自然意趣的现代家具。此外，现代中式家具可以借鉴中国传统园林、建筑中对于静态意境塑造的手法，与重视优雅闲适生活方式的现代家居理念相合，塑造自然而然随意随性的家具品格。

2. 效法动态自然状态

与静态自然呈现出的"静逸"相比，动态自然则表现出"动逸"的特征，即在表现效果上强调一种"势"的趋向或变化，如曲线的飘逸灵动，形体结构的舒展或收缩形成知觉力的张弛等。在中国传统美学中，静态自然以清、冷、幽、远等为主要特征，常表现出静谧的优雅；而动态自然则以旷、古、壮、疏等为主要内容，主要体现出运动的气势与张力。中国传统书画对于动态自然的效法也颇为广泛，如书法中的行书和草书主要以动态的变化、运动、穿插、避让和险绝取胜，表现出"山风海涛"般的运动美与气势美，同样，绘画中笔墨的浓淡变化，线条的起承转合也会突出明显的动势，如石涛、傅抱石等人的山水画往往在笔墨变化中显出大自然的蓬勃生机，如李安源形容石涛绘画"笔锋捭阖，汪洋恣肆"，傅抱石绘画"毫飞墨喷，风旋水泻，狂放飘逸，大气磅礴"，皆是对自然之"动"的有力表现。传统中式家具整体造型主要呈现出静逸特征，但在具体造型要素上则多采用具有动感的曲线线条，如靠背、腿足多用"S"形曲线，尤其是在床榻、桌案等体量较大家具的腿足上采用膨胀线性，更使得家具形成稳定感的同时具有坚实的张力。这种增强动感特征的做法既可以避免家具造型的呆板僵滞，而且能够赋予家具生命的律动，是现代中式家具应该予以借鉴和继承的。现代中式家具设计更注重造型的灵活性，力求家具造型有利于家居空间氛围的塑造，相对于现代横平竖直的居室构造来说，家具中的动感线条无疑是调节视觉平衡的最好形式。如朱小杰设计的铜钱椅，在借鉴明式圈椅的基础上采用两个流畅的弧形曲线完成上下部分的连接，加上水曲柳的材料柔韧质感，使整体呈现出"弱柳拂风"般的动态特征。再如联邦家私"家家具"系列靠背椅则是整体以曲线为主，其自然流动之感尤为强烈，但却能在增加悠闲情调时仍不失圆融典雅的东方情调，可以看作是效法动态自然状态的典范。可见，现代中式家具对动态自然状态的效法通常体现在曲线线条的应用上（西方现代家具则较注重曲面表现），而且需要结合传统家具造型中曲线应用特征，从而在造型表现中即丰富自然意趣又不失中国特征，但就曲线的形式及表现手法，则不必拘泥于传统家具的用法，可以根据现代审美观念和自然动势的表现手法加以创新应用。总之，现代中式家具对动态自然状态的效法应注重"逸"的韵味表达，而不单单为"动"而"动"，应兼顾整体的"静"。

第三节　现代中式家具表现自然的方式

如前所述，自然在汉语中有两层意思：一是指相对于人生和艺术的自然界及其物象；二是指自然而然，即一种率真、随性的本真流露，在艺术审美中通常表现为"初发芙蓉"的天然美感，而与雕饰和矫揉造作相对。但这并不是说雕饰就不能表现自然，而是在于雕饰的对象与"度"的把握。诚然，"不假乎人之力而万物生焉"（王安石《临川集》）是一种最本质的自然，但对于家具这等人造物来说本质上包含着主体的创造精神，自然的表现应是借人力来表现"天工"，强调原初的质朴和不露人为斧凿巧饰的痕迹，而对于审美来说，则是要求顺应对象的本然状态，形成返璞归真的艺术特征。所谓"妙造自然"（南朝谢赫《二十四诗品·精神》）"笔补造化天无功"（唐李贺《高轩过》）也是强调人工在师法自然的基础上可以获得自然的艺术境界。对传统中式家具来说，从整体到局部细节几乎都着力于表现自然，既有显性的也有隐性的，尽管清代中后期家具对自然的表现过于繁缛而且到了炫技的程度，但也增加并拓展了表现自然的素材和方式，同样为现代中式家具设计凸现自然特征提供了帮助。现代中式家具设计应借鉴并吸取传统中式家具表现自然的方式和形式，结合现代家居时尚及审美特征来获取自然的感官体验。通过对自然的表现，现代中式家具既可以与传统家具具有相似的自然审美趣味，而且能够提升现代家居空间的自然氛围，从而在充斥着钢筋水泥等非自然环境中融入自然的意趣。

在中国传统美学中，表现自然的目的在于全面亲近自然，在于同无限自然与宇宙的沟通，在于深刻体验自然的精神，这也是受人类热爱自然的本性所影响的。随着人类城市化进程的迅速发展，人们接触大自然的几率明显降低。据美国一项调查显示，现在只有31%的孩子每天在户外活动，而只有22%的孩子能够在户外待到3个小时，可见，"现代社会特别是城市更加依赖于间接的、抽象的方式来体验自然，而不是直接的、自发的体验和感受"，美国环保生态学家罗伯特·派尔则直接用"体验的灭绝"来形容这种接触自然、体验自然的机会处于减少趋势的严重性。因此，现代中式家具设计对自然的表现应重视体验自然、感受自然的实际需求，在传统中式家具重视自然要素和自然意趣表现的基础上增加切实的自然观感，让身心确实获得客观自然界的体验。就表现自然的方式和途径来说，主要包括以下两种：直接自然体验设计与间接自然体验设计。

（一）直接自然体验设计

直接自然体验设计，就是指在设计中通过纳入自然元素或融入自然环境等方式获得及时的自然感受和体验，在无生命的人工物中获得与真实自然相接触的观感。这在现代建筑、产品及家具设计中应用较为普遍，赖特的"有机设计"理念就强调在建筑或产品设计中吸收自然的外观或形式，特别是在住宅设计中需要纳入自然元素或将住宅直接融入自然环境之中，获得对自然的最直接体验，如赖特的流水别墅及西塔利埃森住宅都展现了直接自然体验设计的元素和特征：纳入自然要素，融入自然环境。同样，现代家具设计常通过植入盆栽花草、采用天然材料等方式来触发对自然的体验。人们之所以能够从这些要素中获得直接的与真实的自然体验，主要是由于这些自然要素与人工物存在的结构与形式的差异性，人们能够从这种有机的、自然的形态中获取与自然交流的趣味性与惊奇感。现代中式家具设计要体现最直接的"天人合一"理念，就应当让家具近距离亲近自然，并根植于自然，具有自然形态的情感，从而在家具功能及形式上充满自然的生命力特征。就直接自然体验设计方式来看，现代中式家具设计可以通过纳入自然要素和融入自然形式来实现对自然的表现。

1. 纳入自然要素

纳入自然要素，就是将具有明显自然特征及视触觉体验的自然物直接或转化应用于家具设计之中，使家具也具有该种自然物的品性特征。诚然，自然界中的山石树木、花鸟虫鱼等林林总总，都能够对人的心理形成自然体验，但对于现代中式家具设计来说，自然要素的选用应具有典型性、沿承性，并具备绿色环保等特征，否则家具设计在获得自然体验的同时却对自然构成了破坏和污染也是不足取的。相比之下，现代家具中通常纳入的自然要素主要有绿色植物、木材质感与肌理、石材、竹、藤、麻等具有浓厚乡土气息的天然材料等。由于处理工艺及造型手法的不同，各种要素的影响效果也不尽相同。但需要注意的是，仅仅是将自然要素移用到家具中未必对人类的自然情感产生很大影响，就好比一株盆栽摆放在桌案之上也往往被看作是装饰物而已，这种对自然的体会也只会停留在表层。因此，现代中式家具设计纳入自然要素通常需要经过巧妙的创意、结合自然要素的特性及美学属性，从而以一种更能激发人类感官意识、情感、智力及心灵的方式表达自然意趣。就现代中式家具设计来说，木材是各种材料中与自然亲和力最明显的，但由于应用的广泛性而且加工工艺的技术感相当强烈，反而降低了人们对其自然特征的体验和感受，反而是未经斧凿雕饰仍保持朴拙天然质感的木材会给人们带来更有价值的自然感受，所以，在设计过程中可以尝试保持其原始天然的状态，或是根据木材的材质属性选用加工方式，用适当的手法造就浑然天成的本初质感。如联邦家私的"素榆"系列家具就保持了榆木厚拙粗旷的纹理，使自然体验更为强烈。台湾红屋家具公司生产的"禅床"，延续了中国传统罗汉床的妙意，主体由纵向锯切的松木构成，各部分都保持树木原来状态，造型颇具中式意象却毫无刻意之感，在不期然而然之间流露出自然意趣。除木材外，竹、藤、麻及蒲草等天然材料更具田园意味与乡土气息，现代中式家具设计可以将这些元素纳入造型或材料组合之中，以塑造不同于木材的自然异趣。对于这些自然材料的应用方式既可以直接利用其材料属性制作具有中式特征的家具，也可以利用其材质质感或肌理附着于其他材料之上，从而获得整体系统的自然体验。如春在中国的"咏竹"系列家具，设计师从传统的精神中提炼出竹的形象，选取经风历雨的陈年竹材，将其平铺附着于高档木材之上，从而获得自然感与艺术性的和谐统一。

2. 融入自然形式

融入自然形式，指将具有自然观感或象征意义的内容或素材经过艺术化处理应用到家具形态创意之中，使人们在连贯的、有组织的与具有意涵指向的形态中获取对自然本性的领悟与体会。这种方式虽然不像纳入自然要素那样直接，但是经过概括、提炼或抽象出的自然形式在"妙造自然"上则更加深刻，而且更容易与家具形式进行组合。传统中式家具融入自然形式的方式主要有两种，一是以木材模仿竹、藤等材料质感和形式，二是将自然界的花卉树木抽象成为艺术化的纹样雕刻在家具的相应部位。这两种方式都不同程度地增强了人们对自然的感知与想象。现代家具设计对于自然形式的表现则更丰富，在家具材料应用上也不局限于木材，而是在综合运用天然材料与人工材料的基础上采用更加艺术化的装饰形式，表面印花、织物刺绣、雕刻镶嵌等，其工艺也与造型、结构相配合，从而整体在展现技术美的同时将自然体验融入其中。现代中式家具融入自然形式的方式通常也借鉴这些途径，但重要的是对自然形式的选择和提炼抽象应强调创新，而不只是移用传统中式家具的自然纹样，尤其是传统家具中自然纹样的设置过于注重吉祥寓意及风俗礼制内容，这与现代家具的审美诉求相去甚远，相比之下，现代家居装饰更注重趣味性与艺术性，在自然形式及素材上追求的是自然的本色意味，如传统中常常采用的卷草纹、灵芝纹及云纹等则适合以更为新颖别致的造型或装饰方式来应用，否则会强化家具的仿古意味，而缺少时代的属性。同时，应避免采用过多的装饰内容或过于复杂的装饰技术，纯粹的或无功能意义的装饰以简而精为原则，旨在增强意蕴，不在于炫技，这也是"自然"不事雕琢的客观要求。如嘉豪何室的"孔雀蓝"系列家具，通过在黄金柚木上雕刻出具有独特自然意趣的海草纹和藤编纹等，使家具的自然体验更为明显与强烈。由此可见，现代中式家具在融入自然形式的过程中需要对选取对象、形式、装饰方式、处理工艺、材料表现及艺术效果等进行综合考虑，力求使自然形式与家具形体融合谐适，达到浑然天成的艺术境界。

二、间接自然体验设计

现代中式家具虽然通过纳入自然要素可以获得对自然的直接观感，但这种方式不得不依赖自然材料的天然质感与可加工属性，其表现方式也基本是针对体现某种特殊材料性质而展开的。相比之下，通过对家具造型或形态的设计并使之具有自然美感，反而会从本质上凸显家具的自然风格特征，这也是间接自然体验设计的目的所在。诚然，"自然"是客观的自然，但对于"自然"的体验确是由人的主观感受反映出来的，真实的草木山石会形成自然体验，而不规则的形状、错落相间的组合同样也能形成自然感，而这种由人们精心设计而构成"行云流水"般的自然状态反而更令人满意，而且促使人们对自然进行考虑与想象。如天然石材制作的长椅与采用不规则形状的坐凳，二者反映出不同的自然异趣：前者直观而明确，后者含蓄而富有趣味。对于形成间接自然体验的要素，在不同设计领域有着不同的看法。美国地理学家杰伊·阿普尔顿和格兰特·希尔德布兰德经过多年研究总结了六个成对元素：前景和隐蔽、诱惑和冒险、秩序和错综。其中秩序和错综（复杂）通常反映在人造物形式、结构和组织中的自然特征表现。心理学家雷切尔·卡普兰和斯蒂芬·卡普兰则在建筑学研究中提出连贯性、复杂性、易读性和神秘性所产生的自然象征及想象是形成间接自然体验的关键。综合以上研究观点，在现代中式家具中，间接自然体验设计的方式主要有：秩序与复杂的平衡，象征性要素应用。

1. 秩序与复杂的平衡

秩序和复杂构成了自然物的基本状态，所谓复杂反映在自然物的细节、组织和结构的不规则性与无规律性，而秩序则相应反映了自然物中所蕴含某些合乎秩序与规则的形式。在间接自然体验设计中通常包括了复杂性，也含有秩序性，只有二者有机结合并彼此平衡才能获得最佳的表现效果。然而，一味强调复杂性或只强调秩序性都会使设计形式走向极端，缺乏秩序感的复杂形式会造成混乱或繁缛的体会，相反缺乏复杂性的秩序则会显得单调而重复，两种形式都会强化人工特征，而淡化自然形态。现代中式家具设计中对秩序与复杂的处理方式应结合具体的材质、工艺、结构及造型进行平衡和调节，如对于具有复杂纹理或质感的木材，应注重采用秩序性强的结构及造型加以平衡，使材质的复杂性与造型的秩序感有机结合，形成最佳的自然体验。如朱小杰设计的"清水长椅"，在突出乌金木精美纹理的同时在造型和结构上尽量简洁，在体验天然纹理的"水波"时不至于感觉形式的单调，获得了秩序与复杂的和谐。台湾青木堂"自然·理画"系列家具则采用纹理细腻的花梨木，着重通过家具结构、线条的舒展和优雅来强化其自然生命力，几乎所有部件都包含优美的弧线，这种结构与形式的相对复杂与材料装饰的相对简洁也形成了很好的对比组合，仍能让人从中体悟到自然的妙趣所在。此外，现代中式家具应借鉴现代家具设计中表现自然的方式，不应只是停留在木材纹理及质感的表现上，而应拓展材料应用及造型手法，并结合现代人对自然的生理和心理体验，寻求更好的表达自然意趣的形式与途径。如通过调节家具色彩使之与家居环境对比协调，整体产生自然清新的视觉体验；或通过整体系列的共通元素塑造居室空间的自然氛围等。总之，在设计过程中要使家具造型要素获得复杂与秩序的有机结合，能够让人从对比与协调中获得对客观自然的触动或体验。

2. 象征性要素应用

人工环境中的自然体验也常常以抽象性的或象征性的形式出现，传统中式家具通常用谐音联想、暗示或隐喻的形式来表现主观愿望与自然事物之间的关系，从而使人在与家具接触的过程中获得心理享受与自然体验，如传统家具中常用卷草纹、灵芝纹及龙凤瑞兽等都具有特殊的象征寓意，人们在对这些元素的热爱中也常常会激发出对自然的感悟与想象，尽管这些元素有时并不受人们关注或理解。现代中式家具虽然不需要采用这些装饰化、修饰化和图案化的元素来反映自然的特点，但同样需要在家具造型、结构及工艺上形成某种自然的象征性，使人能够从中获得强有力的自然情感与想象力。相对于人工制造出来的规则形式或几何形态，人类更偏爱自然界具有象征意义或联想性的质感、动感、可塑性或曲线形、圆形或球形表面等，正如庄子所说："天地有常然。常然者，曲者不以钩，直者不以绳，圆者不以规，方者不以矩，附离不以胶漆，约束不以绳索。"（《庄子·骈拇篇》）这也就为我们的家具设计提供了赋予造型象征性意义的基础。现代家具设计也往往通过抽象性地融入自然界的外观、形式以产生间接的自然体验，如从藤蔓植物中抽象出的曲线线条，花瓣样式的自由曲面，乃至生物细胞的内部组织结构等，其重在从中剥离出体现自然生命意识的形式要素，并在家具造型中进行转换应用。现代中式家具设计同样需要这种对自然生命力的表现，进而将家具赋予自然的象征性，而不再是单纯的"物"。如从传统中式家具造型中的曲线、弧线及圆融过渡等形式入手结合自然物的体貌特征，在家具中赋予各种线条以生命的节奏与律动感；或通过对自然物形态的提炼和抽象，使其形成新的象征意义以适应家具的表现形式。但需要注意的是，这种象征性形式的设计不只靠对自然物的模仿或移用，更重要的是在认识并理解自然物本质的基础上进行新的构思与创造，创造出的新形式并不依赖于某一自然形式而存在，并具有更深层次的象征性。

参考文献

[1] 胡景初，戴向东．家具设计概论 第 2 版 [M]．北京：中国林业出版社，2011．

[2] 孙祥明，史意勤．家具创意设计 [M]．北京：化学工业出版社，2010．

[3] 梁启凡．家具设计学 [M]．北京：中国轻工业出版社，2000．

[4] 唐开军，行焱．家具设计 [M]．北京：中国轻工业出版社，2015．

[5] 方海．现代家具设计中的中国主义 [M]．北京：中国建筑工业出版社，2007．

[6] 程瑞香．室内与家具设计人体工程学 [M]．北京：化学工业出版社，2008．

[7] 邓旻涯．家具与室内设计图形表现方法 [M]．北京：化学工业出版社，2009．

[8] 侯铁民．家具木工机械 [M]．北京：中国轻工业出版社，2000．

[9] 梁启凡．环境艺术设计家具设计 [M]．北京：中国轻工业出版社，2001．

[10] 刘文金，唐立华．当代家具设计理论研究 [M]．北京：中国林业出版社，2007．

[11] 李敏秀．中西家具文化比较 [M]．长沙：湖南大学出版社，2008

[12] 李雨红．中外家具发展史 [M]．哈尔滨：东北林业大学出版社，2000．

[13] 李文彬．建筑室内与家具设计人体工程学 [M]．北京：中国林业出版社，2001．

[14] 刘文金、唐立华．当代家具设计理论研究 [M]．北京：中国林业出版社，2007．

[15] 胡景初，李敏秀．家具设计辞典 [M]．北京：中国林业出版社，2009．

[16] 胡景初，方海，彭亮．世界现代家具发展史 [M]．北京：中央编译出版社，2008．

[17] 陈组建，何晓晴．家具设计常用资料集 [M]．北京：化学工业出版社，2012．

[18] 于伸，万辉．家具造型艺术设计 [M]．北京：化学工业出版社，2009．

[19] 吴智慧．木质家具制造工艺学 [M]．北京：中国林业出版社，2004．

[20] 彭亮．家具设计工艺 [M]．北京：高等教育出版社，2003．

[21] 刘静宇．家具设计基础 [M]．上海：东华大学出版社，2012．

[22] 于伸．家具造型与结构设计 [M]．哈尔滨：黑龙江科学技术出版 2004．

[23] 许柏鸣．家具设计 [M]．北京：中国轻工业出版社，2012．

[24] 钱芳兵，刘媛．家具设计 [M]．北京：中国水利水电出版社，2012．

[25] 于申，万辉．家具造型艺术设计 [M]．北京：化学工业出版社，2009．